从0岁开始（下）

〔美〕艾盖瑞 (Gary Ezzo)
〔美〕贝南罗特医学博士 (Robert Bucknam, M. D.)/ 著
林慧贞 / 译

四川大学出版社

出版统筹：余　芳
责任编辑：余　芳
责任校对：周　洁
封面设计：邓　涛
责任印制：王　炜

图书在版编目（CIP）数据

从 0 岁开始．下 /（美）艾盖瑞（Gary Ezzo），（美）贝南罗特医学博士（Robert Bucknam, M.D.）著；林慧贞译．-- 成都：四川大学出版社，2018.6
（亲子教育系列）
ISBN 978-7-5690-1872-1

Ⅰ．①从… Ⅱ．①艾… ②贝… ③林… Ⅲ．①婴幼儿—哺育—基本知识 Ⅳ．①TS976.31

中国版本图书馆 CIP 数据核字（2018）第 111985 号

书名　从 0 岁开始（下）
Cong 0 Sui Kaishi (Xia)

著　者	〔美〕艾盖瑞（Gary Ezzo） 〔美〕贝南罗特医学博士（Robert Bucknam，M.D.）
译　者	林慧贞
出　版	四川大学出版社
地　址	成都市一环路南一段 24 号（610065）
发　行	四川大学出版社
书　号	ISBN 978-7-5690-1872-1
印前制作	阿林
印　刷	深圳市希望印务有限公司
成品尺寸	170 mm×230 mm
印　张	7
字　数	97 千字
版　次	2019 年 1 月第 1 版
印　次	2019 年 6 月第 2 次印刷
定　价	32.00 元

扫码加入读者圈

四川大学出版社
微信公众号

◆ 读者邮购本书，请与本社发行科联系。
电话：(028)85408408/(028)85401670/(028)86408023　邮政编码：610065
◆ 本社图书如有印装质量问题，请寄回出版社调换。
◆ 网址：http://press.scu.edu.cn

译者序

我和我先生在美国读书时，我们教会中大约有十对年轻的父母。这些父母常常被宝宝弄得精疲力竭，他们（尤其是妈妈们）不再有自己的时间，晚上不再能一觉睡到天亮，夫妻不再如以往亲密，而且常常因为宝宝的缘故，需要分房睡（以免让宝宝同时影响夫妻两人的睡眠）。

当时我正怀孕，很关注周围那些初为人父母者。当我看到那些情形，我实在担心以后有孩子的日子。况且我不是个喜欢带孩子的人，我喜欢有自己的时间和空间，如果有了孩子，我不再能做自己喜欢做的事，我不再能够成长，我想我会很痛苦。

我常和住在俄亥俄州的两个朋友联络，他们是一对夫妻，刚刚生下一个小宝宝。我想他们一定很忙，打电话给他们必须挑选合适的时间，而且电话接通时要先问他们有没有在忙着照顾宝宝。宝宝的妈妈一定与我所认识的其他有宝宝的年轻夫妇一样，不再有时间看书、弹琴。但是，这个妈妈总是有自己的时间，她很快乐，还可以弹琴、看书。我从没听说过哪个全职妈妈可以这么悠闲。她告诉我她用《从 0 岁开始》这套书中的方法带宝宝，觉得这些方法非常实用。这套书共分三册，每一册都有录音带。当时，我和我先生都在读书，觉得买三册实在太贵，于是只买了第一册。晚上，我们忙完各自的事情，累了，便坐下来一起看这套书，一起讨论。共同阅读使得我们在带孩子的观念上更加接近。我们才看了几章便决定买下其余两册，因为这套书实在是太棒了！

现在，我们的宝宝十个月了，带他实在太容易！我不必赘述我们如何受惠于这套书，我们的宝宝如何好带，我们如何享受和他在一起的时间，因为本书开篇的“爸爸妈妈对《从0岁开始》的评价”已经有了相当多的此类好评。在我们使用书中的方法之前，我觉得那些医护人员和爸爸妈妈对这套书所写的评价有点儿夸张，然而等到自己实际采用这些方法之后，我才觉得他们写得非常实在。

初回台湾时，许多人和我讨论带孩子的困扰，于是我向他们介绍了这套书。但因为它是英文版，不便阅读，我又无法三言两语告诉他们书中的理念，因此觉得非常遗憾。为什么他们不能既享受孩子带来的快乐，又能有自己的时间呢？于是我决定翻译这套书，希望能帮助有心要带好孩子的父母。当然，要将这套书的效果发挥到最大，需要妈妈自己带孩子，也需要爸爸的配合。在美国，许多夫妻有了小宝宝之后，妈妈便辞去工作，用几年的时间全心陪伴孩子，不管她拥有多高的学历，多好的工作。回台湾后，我发现愿意在孩子很小的时候全心在家陪孩子的妈妈不多。常听一个广告说：“我爱我的孩子，所以我给他最好的。”其实，孩子需要的不是米老鼠的衣服、史努比的床单或各种各样的物质享受；当他很小的时候，他需要的是你更多的爱、更多的时间以及和你更多的互动。

林慧贞

医护人员对《从0岁开始》的评价

在近来出版的育儿书籍当中，《从0岁开始》是一套特别实用的手册，它仿佛一座给人们指引方向的灯塔，为父母们提供经验和智慧。来自不同背景的爸爸妈妈都能够从这套书所传达的经得起时间考验的方法中获益。我自己也采用了本书中的方法养育孩子，他们适应力很强，是我们欢乐的源泉。我毫无保留全力推荐此书。

J. Knathanl Scott，医学博士、哲学博士

身为一名儿科医生，我无法对《从0岁开始》提出任何异议。它在育儿方面提供了非常实际的方法，为宝宝提供了他们所需要的生活规律及稳定性，为我们家带来了欢乐和爱。如果之前爸爸妈妈们没有用过《从0岁开始》中提到的方法，那么你们一旦运用这些方法很快就会看到效果。这就是给宝宝们做儿童保健检查时，我常常与他们的父母讨论《从0岁开始》中的育儿方法的原因。孩子的父母常常告诉我："这套书改变了我们的生命。"

Janet Dashmen，医学博士

身为一名儿科医生和一位母亲，从生产的那一刻起我便一直很关心孩子的健康。因为《从0岁开始》这套书中的方法确实很有效，所以我认为应当将其作为整个家庭医疗保健的重要组成部分。这些方法非常简

单，但是效果令人惊奇。运用书中的方法能让宝宝健康、满足，而且很早就可以一觉睡到天亮。用需求式喂养方法养育的宝宝无法与用《从 0 岁开始》的方法养育的宝宝相比。在阅读本书之后，初为人父母者就不必再去猜测宝宝的需要了，你们会充满信心，知道宝宝接下来会怎么样。

Sharon Nelson，医学博士

医学院对我所提供的专业教育还有所欠缺，它在喂养宝宝方面没有给我提供多少帮助。医学院一般教导的理论是宝宝一哭就喂他，这样不仅不合理，而且根本不符合我的病人的需要。自从有人向我介绍《从 0 岁开始》，我便一直深信这套书中的方法在建立自主睡眠的模式，以及减少宝宝在喂养方面经常出现的问题上非常有效。如果宝宝健康，妈妈快乐而且有充分的休息，对你来说还不够有说服力的话，那么我还想说，我自己也是按照《从 0 岁开始》的方法来养育我的孩子的。

Craigllogd，医学博士

我是一名妇产科副教授，有执照的助产士，产前教育工作者，同时也是一位母亲。如果我没有引导父母们使用《从 0 岁开始》这套书中的方法，我就无法给予他们那么大的帮助。与这套非常成功的书相比，过去几十年许多带孩子的理论都显得十分落后。你想要一个快乐、健康而且满足的宝宝吗？你希望宝宝能一觉睡到天亮吗？你希望对喂养宝宝充满信心吗？《从 0 岁开始》为你提供了智慧、常识和信心，书中令人兴奋、充满希望的话语，极大地鼓励了准妈妈们。我指导的实习生及初为人母者都认为《从 0 岁开始》中的方法非常有效。实习生的报告显示，运用书中方法的父母与那些没有用这些方法的父母相比，在养育孩子方面更有信心。《从 0 岁开始》带给妈妈们自由，令她们心情愉快。妈妈们的生活是可预期的，她们在哺育孩子的过程中可以事先做计划，而非事后补救，事后补救常常无法让她们获得她们所希望的结果。我的父母运用的就是《从 0 岁开始》中的方法，因此在带孩子方面他们很有智慧。

Linda Meloy，医学博士

身为一个母亲，我用过两种方法带孩子；身为一个有执照的教新手父母如何给孩子喂母乳的护士，我仅推荐《从 0 岁开始》。我知道采用需求式的喂养方法不断给孩子喂奶却看不到一丝好处会多么令人沮丧；我了解一个年轻的妈妈喂养孩子有多疲惫，而这样的疲惫会严重地影响母乳的供应；我也了解如果没有计划，在刚开始的一年半，带孩子会让你多么沮丧。我之所以了解这些，是因为我带第一个孩子的方法与本书完全相反。在第二个孩子出生以前，有人向我介绍了《从 0 岁开始》，书中的理念改变了我的思考方式，我得以挣脱带孩子的束缚，成为合格的妈妈。这些年，我坚持用《从 0 岁开始》来辅导妈妈们，这使得她们不论是给孩子喂母乳还是配方奶都很顺利。《从 0 岁开始》是一套积极正面的、具有预防功能的育儿指导书，它能大大减少与母乳喂养有关的常见问题。

Barbara Phillips，注册护士

我是一名执业儿科医生，一位丈夫与父亲，我极力推荐《从 0 岁开始》。我发现本书的方法能让无法好好睡觉的、疲惫不堪的父母松一大口气。对一开始便使用本书方法的人来说，这不只是一本教你如何预防在喂养孩子方面出现问题的书；我深信《从 0 岁开始》中的方法经过很好的验证，它能让父母对于养育孩子充满信心，使孩子有安全感，获得满足，使整个家庭和谐而有序。

David Blank，医学博士

身为家庭医生，又是夫妻档，我们常被问起与带孩子有关的问题。基本上我们的答案都出自《从 0 岁开始》。在回答喂养孩子方面的问题上，这套书就是我们的指导手册，它使我们能够胜任内科医生一职以及为人父母之责。我们深信，若父母们采用本书的方法，他们便能获得丰厚的回报。

Tomy Burclen，医学博士

Margaret Burclen，医学博士

爸爸妈妈对《从 0 岁开始》的评价

我的宝宝 3 个月大时，嫂嫂送给我一套《从 0 岁开始》。我读过很多书和杂志，和许多有经验的妈妈们谈过，也请儿科医生提供过帮助，但是直到读了这套书，我的疑惑才得到解答。我极力向妈妈及准妈妈们推荐此书。

一位来自加利福尼亚州的妈妈

在宝宝诞生之前，我和我先生就听过无数令人却步的故事，我们觉得很沮丧，充满挫折感。宝宝的哭闹和他所带来的束缚并不是我们想要的。我们确信，一旦当了父母，情况一定比我们想象的更加糟糕。我们的宝宝出生 1 周后，有人向我们介绍了《从 0 岁开始》中的理念。时间刚刚好！正如书中所说的，运用本书的方法后，我们的宝宝 5 周大就能一觉睡到天亮了，我们的家庭生活井然有序。感谢本书的作者给我们信心去做那些对我们的孩子来说最好的事。

一位来自科罗拉多州的妈妈

我毫无保留地将这套书介绍给每个人，因为书中的方法确实非常有效。以前我不知道其他方法，所以我用需求式的喂养方式养育我的前三个孩子。5 年之中没有一天我可以一觉睡到天亮。起初，当朋友告诉我《从

0岁开始》的育儿方法时，我觉得那根本是无稽之谈，我拒绝听。我拥有儿童早期教育的硕士学位，而这套书却向我以前学习的每一种理念都发起了挑战。

当我朋友的第一个孩子6周大就能一觉睡到天亮时，我很震惊。我的先生和我又看着他们的第二个、第三个孩子也是一样。每件事都在他们的掌控之中，而且我们经历的问题他们很少有。当我发现我怀了第四个孩子时，我沮丧了好几个月。我唯一想到的是我又要经历更多无眠的夜晚，满足孩子不断的需求。

我很惭愧地说："我太绝望，无路可走，这才用了你们的父母引导式的喂养方法。"我谦卑下来，我的宝宝在4周大时竟然能一觉睡到天亮了！与前三个孩子不同，他是个开朗、快乐而且满足的孩子。我们无法相信，这竟然如此容易。现在，我们的第五个孩子诞生了，我们又取得了成功。《从0岁开始》拯救了我们的婚姻和家庭。谢谢！

一位来自宾夕法尼亚州的妈妈

我和我先生要感谢《从0岁开始》，这套书让我们一开始便走上了正确的轨道。这并不容易，因为我所有的朋友采用的都是需求式的喂养方式，并且他们说："让宝宝按时间表作息不好。"在这些家庭里，孩子干扰了父母的正常生活，我们不明白为何要这样。我们按照《从0岁开始》的方法带孩子，正如书中所言，我们的宝宝6周大时，晚上能睡8个小时，12周大时能睡11个小时。而且正像本书所预料的，我们的朋友对我们说："你们真幸运，有一个这么好带的宝宝。"但是我们知道事实不是这样。谢谢《从0岁开始》给予我们的帮助和鼓励！

一位来自得克萨斯州的母亲

有一天在教会时，我抱着一个宝宝，他哭了起来，每个人都问我："你的儿子怎么了？"他们说他们此前从未听过我儿子哭。我向他们解释说，我抱的不是自己的儿子。谢谢《从0岁开始》让我的妻子和我拥有一个快乐而且满足的宝宝。

在儿子出生之前，我们就听说过许多令人悲伤的故事。我的姐姐在他们第一个孩子出生以后3年内从没有和她先生单独出门过，后来她加入了妈妈成长团体，然而却发现，团体中的其他妈妈与她一同哭个不停。不必了，我们不需要加入妈妈成长团体。谢谢你，《从0岁开始》！我的妻子不需要和那些妈妈一起哭，因为我们是按父母引导式的喂养方式来养育我们的宝宝的。我们的生活稳定而有规律，我们的儿子对有规律的生活适应得很好。孩子出生后3周我们就去约会了，而且从那时起，我们每周约会一次。谢谢本书为我们提供帮助，使我们的家庭和谐快乐。

一位来自华盛顿州的爸爸

这个月底，我们的女儿就一岁了。我迫不及待地想告诉你，我实在是非常享受与她在一起的这一年，而最大的原因是，我们运用了《从0岁开始》的育儿方法。这套书不仅帮助我成功地养育了我的女儿，也帮助我了解了为什么我在养育第一个孩子——我的儿子时会受到那么多挫折。我以前一直不知道为什么他的需求这么多，为什么他半夜常常不睡觉。

在带儿子时，不管什么时间，不论白天还是晚上，不管在哪里，他想吃我就让他吃，一直到他两周岁。不论是质的方面还是量的方面，我都非常注意。一开始儿子晚上与我们一起睡，过了几周后他只跟我睡，我的先生睡在沙发上。我待在家里，为他提供良好的学习环境，煮有营养的食物给他吃。每一件事我都按照专家所说的来做，但是他们错了，最终，我什么好处也没有得到。我养育了一个照顾起来吃力又无法控制的孩子，并且与他相处并不是那么愉快。

我不希望你也承担这样的重担，我希望能对你有所帮助。请让《从0岁开始》的方法惠及加拿大和美国的年轻父母，这样他们就不需要再受我们受过的苦。谢谢本书充满智慧的教导！

一位来自加拿大温哥华的妈妈

我和我先生要感谢《从0岁开始》帮助我们树立了养育孩子的信心。每一个人都想知道，为什么我们的孩子乔纳丹是一个这么乖的宝宝。在我们的托儿所里，这套书已广为妈妈们所知。我和我先生发现，带孩子是一件非常快乐的事。我了解了做计划以及给孩子建立规律作息的重要性，正因为如此，我才有精力与我的丈夫、朋友和我的孩子一起做其他的事情。谢谢！

一位来自加利福尼亚州的妈妈

我和我的妻子在接受婚姻辅导时，辅导员向我们介绍了《从0岁开始》。那时我们才发现，我们落入了以孩子为中心的陷阱。在当“好爸爸”“好妈妈”的名义下，我们不仅在表面上而且在实际上放弃了我们的婚姻。我们之所以这样做完全是“为了宝宝”，这听起来像是牺牲，然而直到读了《从0岁开始》的前两章，我才了解到我的想法错了。

过了18个月悲惨的日子之后，我们开始让孩子按规律作息。三个晚上之后，他就开始一觉睡到天亮，而且我的妻子开始和我一起睡。一整晚安稳的睡眠让一个一岁多的孩子的面貌焕然一新。我们应当把这些重要的理念传播出去，让更多的父母受惠。

一位来自乔治亚州的爸爸

我是一个拥有 14 个孙子的祖母。我必须承认，在我们家庭中《从 0 岁开始》这套书的方法，效果相当明显。在佛罗里达时，有朋友把这套书介绍给我的女儿，她采用了书中的方法并将其介绍给其他家庭。真令我惊讶，这套书中的方法太有效了。《从 0 岁开始》教给父母们的是若干年前我们就使用过的方法，那时没有录音带，也没有书，我们只是依照前人的智慧而行。谢谢你们提供的这些建议，是你们帮助我成为一个快乐的祖母。

一位来自北卡罗来纳州的祖母

谢谢你们所写的书，它真是让我大开眼界。虽然我尽可能给孩子更多的爱、更多的关注，但是在喂养和睡眠方面，我用错了方法。当初，我采用需求式的喂养方式，结果我的宝宝每夜要闹 8 ～ 12 次，并且我那 4 岁的孩子每天晚上都要到我们床上来，我几乎无法睡觉。我们经受了许多折磨，觉得无法继续生活下去。正当我绝望之际，我读到了你们的书。一位咨询师向我介绍了《从 0 岁开始》，它让我们的生活发生了 180 度的转变。请用我的这些故事鼓励年轻的夫妇，鼓励他们了解并坚持运用《从 0 岁开始》的育儿方法。

一位来自新西兰的妈妈

目录

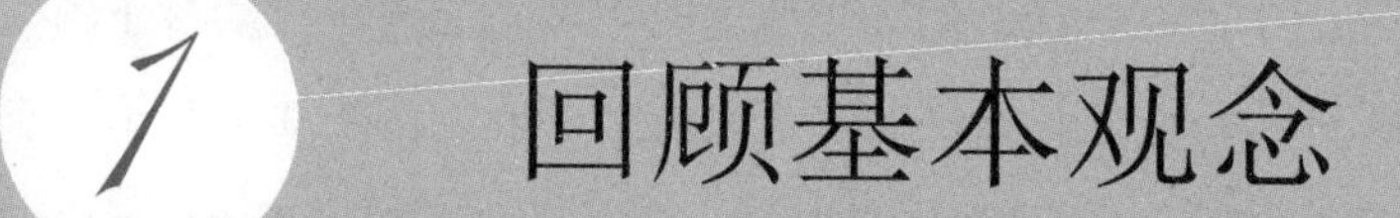

1 回顾基本观念

在《从 0 岁开始》（上）中，我们强调了父母必须建立起正确的观念。在《从 0 岁开始》（下）中，我们想要强调：当你的孩子渐渐成长，接近 1 岁时，继续坚持这些基本观念仍然相当重要。孩子的性格在他生命的最初几年便逐渐定型。父母是年幼孩子的整个世界，影响孩子最深。因此，首先我们要回顾一下让你在第一阶段带孩子如此成功的一些基本观念。这些观念包括：（1）明白婚姻关系在家庭关系中居于首位。（2）了解以孩子为中心的育儿方式的危害。(3)知道在养育孩子的过程中如何避免采取极端的方式。下面就让我们来一一回顾下吧。

把婚姻放在首位

婚姻是两个独立男女的紧密结合，没有其他的关系可与之比拟。婚姻是独特的，它凌驾于所有其他关系之上。这多么令人惊叹！

在家庭中，健全的夫妻关系是孩子拥有健康情感的基本前提。婚姻和谐，家庭才稳定。稳固牢靠的婚姻关系是孩子的天堂。健康、充满爱的婚姻给孩子带来安定、有把握的感觉。当孩子观察到父母之间特有的友谊及感情的交融时，他会更有安全感，因为他不会对父母之间的关系产生疑问。

孩子拥有很奇妙的“雷达”，他能感应到父母的冲突。当孩子察觉到父母婚姻中的缺点比优点多时，便会产生焦虑情绪，而这样的情绪会影响他在其他方面的训练与学习。和你我一样，孩子在成长过程中，如果父母的关系出了问题，那么他的整个世界都将垮掉。若是孩子对父母的关系是否稳固一直存有疑问，他的世界一定会濒临破碎。

孩子的感觉是非常敏锐的，如果你们的婚姻幸福美满，他一定会有自己是这个美好家庭一分子的强烈感受，会获得归属感。当父母通过婚姻奇妙而美好地结合在一起时，孩子一定会在稳定、健康的婚姻关系中获得安全感。夫妻关系最融洽的时期就是养育孩子的最佳时机，好好地爱护你们的婚姻吧！

以孩子为中心的育儿方式

以孩子为中心的育儿方式会对家庭造成威胁。

（1）以孩子为中心的育儿方式，会使家庭中夫妻关系的地位降低，从而危及夫妻关系。在婚姻关系中，不管是男人还是女人都不能封闭自我，婚姻会让我们表露出真实的自己。以孩子为中心的育儿方式，为了把空间留给孩子，使得孩子成了家庭的焦点，错误地赋予了配偶疏远对方的权力。如此一来，我们不再在配偶的面前展示我们的本来面目，也无法诚实地面对自我。我们借着当好爸爸、好妈妈的名义，为了建立良好的社会形象，逃避面对真实的自我。用冠冕堂皇的理由让自己疏于经营婚姻关系，是对我们自己及配偶的不负责任。我们应该明白孩子从良好的夫妻关系中获益最多，情感发展也最为完善。

（2）以孩子为中心的教养方式，会让孩子太早在心中形成错误的自我信赖，违背他心理发展的自然过程。孩子会变得过于自信，觉得自己什么都可以做，却并没有学会自我控制。以孩子为中心的育儿理念之所以会对孩子造成伤害，是因为这种教养方式在孩子有能力管理他所拥有的自由之前，便赋予了他太多的自由。自信若脱离了自我控制，会导致孩子自恃，唯我独尊，对其发展产生破坏性的影响。

（3）以孩子为中心的育儿方式，会使得夫妻二人凡事不能互相依靠。视自己为宇宙中心的孩子，长大后经常变得自私自利，独来独往。夫妻各顾各变成一种生活方式，一种寂寞的生活方式。独来独往剥夺了孩子探索人际关系的机会。如果没有在人际关系中付出过努力，孩子与家人之间便没有忠诚可言，而且他只会为了自己的利益与其他人，比如父母、兄弟姐妹、同龄人维持一定的关系。于是，孩子是否“忠诚”，基本上取决于他能从与他人的关系中得到什么，而非他能付出什么，这便是以孩子为中心的育儿方式所带来的后果。

（4）以孩子为中心的教养方式，会放大孩子天然的需求和道德上的成长的冲突，容易让孩子产生不良行为，结果不是让父母和孩子成为敌对关系，便是强迫父母放弃对孩子的合理道德行为的要求。而且这种育儿方式是被动的、消极的。与其等孩子做错了事再来纠正他，不如事先就教导孩子什么是对、什么是错。

现在，你的宝宝出生了，你会察觉到，以孩子为中心的育儿方式多么容易偷偷地侵入你的生活。如果遵照《从0岁开始》这套书的原则，你就可以避免孩子一哭就喂，但是你是否可以同样避免孩子一要求就马上给予他注意力呢？孩子一要求就给予注意，是以孩子为中心的前兆。婴儿在每一件事情上都完全依赖父母，这增强了父母照顾他的喜悦感，因此父母很容易变得以孩子为中心。幸运的是，以孩子为中心是完全可以避免的，你可以在迎合宝宝身体及情感需要的同时，不落入以孩子为中心的陷阱。以下是一些小贴士，它们可以帮助你。

（1）提醒自己，有了孩子之后，你的生活并不会停止。生活的节奏可能会在你刚有宝宝的前几个星期慢下来，但却不会完全停止。成为母亲并不意味着你将不再扮演女儿、姐妹、朋友和妻子的角色。在你有宝宝以前，这些人际关系对你来说很重要，有了宝宝之后，也很重要。

（2）在宝宝出生之前，如果每周你和你的配偶都要出去约会，有了宝宝之后，你们要尽早恢复。外出时可以请朋友或亲戚代为照看孩子。

如果以前你们没有约会的习惯，那么现在正是开始的好时机。当孩子的妈妈和爸爸在一起时，孩子不会产生与父母分离的焦虑。稳固的夫妻关系是孩子安全感的来源。

（3）不要放弃在孩子进入你们的生活之前，你们夫妻特有的表达爱的方式。如果孩子出生前你们特别喜欢某项活动，就把它排入你们的时间表。如果爸爸买了礼物给宝宝，那么是否也可以考虑给妻子买一份礼物呢？这里我们想要说的是，你们要将特有的表达爱的方式延续下去，这一点非常重要。

（4）邀请亲戚朋友来吃饭，或者傍晚来聚一聚。当你把焦点放在殷勤待客上时，你就不得不把注意力放在家人和朋友身上。这种注意力的分散是健康的，因为它会促使你去做好计划，在围着孩子转的生活中分出部分时间照顾好其他人。

（5）要有“沙发上的时间”。下班回到家，花 15 分钟和你的配偶坐在沙发上聊天。要趁孩子清醒时这样做，可以对孩子说：“现在是妈妈和爸爸在一起的特别时间，没有重要的事不能过来打扰，爸爸待会儿会和你玩，但是现在妈妈优先。”“沙发上的时间”可以让孩子看到你们在一起，感受到爸爸和妈妈之间的爱，并因此而产生安全感。并且，“沙发上的时间”会给你们美好的期待，夫妻二人有时间分享彼此的感受，满足彼此的需要。

（6）当你们养育儿女时，请记住你们是共同体。为了更好地了解你们的孩子，正确地训练他们，夫妻应多沟通，同时，这也能让你更了解自己内心的想法。妈妈常常是家中最重要的“保姆”，必须意识到自己有责任随时告诉丈夫你所观察到的孩子的最新状况；不论是有心还是无意，丈夫不了解孩子的状况是不对的，千万不要犯这样的错误。

如果你希望把孩子带好，就必须努力经营你的婚姻。意识到婚姻的重要性是健康的亲子关系的开始。

极端的教养方式和不拘泥于形式的教养方式

正如我们在本书中所提到的，避免极端的教养方式相当重要，这在整个养育孩子的过程当中都应引起我们的注意。当爸爸和妈妈用极端的方式养育孩子，即不管在什么时候都抬出其育儿理念，认为这样对孩子最好，即执行原则过于教条时，便会出现问题。这是拘泥于形式的育儿方式。

俗话说得好："我们要见机行事。"拘泥于形式最明显的表现是拒绝视情况来办事。根据当时的情况做出恰当反应，并不意味着你对本书的原则存有疑问。你在短时间内做出的让步不会违背你的长期目标。

有些时候，在某些情况下，你暂时无法采用本书中的原则。父母要首先根据自己的经验、智慧和常识来做出判断，不要让情绪牵着走，或是让自己变成按部就班的闹钟。遇到特殊情况时，让当时的情况来引导你做出正确的决定。以下是一些具体的案例：

（1）你正在飞机上，你6个月大的宝宝开始大声哭闹，而两个小时之前你刚刚把他喂饱。这时你该怎么办？

如果妈妈哄抱孩子或者给他玩具都无法使他安静下来，可以再喂他一次。在公共场合，不能让宝宝干扰飞机上的其他乘客。如果你不采取行动，将会给自己以及飞机上的其他乘客带来压力。虽然平时你喂宝宝的时间间隔不会这么短，但是在当时的情境下，只能暂时放弃宝宝的正常作息，在到达目的地之后再让宝宝恢复他的作息规律（和宝宝一同旅行的相关事项，第8章有更详细的说明）。

（2）你和10个月大的女儿在你朋友家过夜，女儿通常能一觉睡到天亮，但现在她却在凌晨3点醒来。你该怎么办？

你可以哄一哄女儿，让她重新入睡。在家里时，她可能会闹腾或哭一阵子，5 分钟后自己又睡着了。但是，你们现在是在别人家里，你们是客人，孩子的哭闹会打扰其他人的睡眠。等你们回到自己家中，你再帮宝宝调回作息。

虽然你的生活总的来说是有规律、有计划的，但有些时候，因为一些特殊情况，你的规律和计划可做弹性调整。这时，你要多考虑当时的状况，考虑别人的需要，并据此做出合理的反应，采取恰当的行动，这样，你才能给自己减轻压力。

结语

人是群体动物，不管是在较大范围的社会生活中，还是较小范围的个人世界里，每个人都需要有人和他一起分享他的生活，并建立起与他人身体、精神、情感上的亲密关系。婚姻关系就是由这些因素构成的，并且婚姻是需要保护的。以孩子为中心的育儿方式和过分教条的育儿方式，对婚姻和孩子都没有益处，为了家庭的幸福和孩子的健康成长，必须避免。

1. 当孩子觉察到父母之间的关系缺点多于优点时，将会产生什么后果？

2. 请解释以孩子为中心的教养方式违背了孩子心理发展的自然过程的原因。

3. “沙发上的时间”为什么很重要？

4. 极端的育儿方式是怎样形成的？

5. 拘泥于形式的育儿方式拒绝的是什么？请解释。

2 道德和行为规范的基础

生长与学习是宝宝出生第一年的两个重要过程，这两个过程彼此依赖，但并非互相交替。生长是生理上的改变，会带来心理上的成熟；学习与心智的发展过程有关，包括道德和行为规范的训练。在生长与学习的过程中，你的孩子逐渐长大，他每一个阶段的发展都建立在上一个阶段的基础之上。

发育的过程

每一种生物，不论是动物还是人，都有特定的发育模式。婴儿在出生之后主要有两种发育模式：一是垂直发育，即从头到脚的发育；二是水平发育，即从身体的中轴向两侧的发育。

垂直发育是从上往下，即从头顶到脚趾的发育。也就是说，身体结构的发育及机能上的发展，是从孩子的头开始，然后到躯干，最后才是腿和脚。以下是孩子发育的一般过程：一开始，宝宝学会把头稍稍抬一下。接着，宝宝颈部和胸部的肌肉开始发育，他能让头抬高一阵子。在大约20周时，宝宝逐渐能控制眼睛、头部和肩膀的肌肉，但是此时他的躯干柔软无力，坐的时候需要支撑。四肢方面，宝宝先能灵活地运用手臂和手去碰触或抓东西，然后才学会爬，最后学会走、跑、跳。

水平发育是从身体的中轴向两侧的发育。孩子在妈妈的肚子里的发育是从头部开始的。在手脚发育之前，头部和躯干已经发育得很好了。出生后，在运动机能方面，宝宝会先活动他胸部的肌肉，其次是手臂，接着是手。宝宝在能活动手指之前，便能协调地运用他的双手。生理的成熟是有先后次序的。

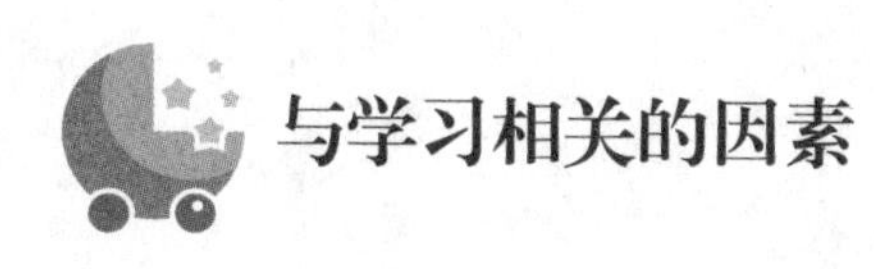

与学习相关的因素

生理上的成熟是指身体渐渐能胜任一些事情，这与遗传因素相关。学习则是一个人与环境的互动。对于宝宝来说，学习主要是父母的影响和教导。与成年人一样，孩子是用过去的经验来诠释新的经历。也就是说，学习是渐进的，并且对孩子而言，只有与以前的经验相联系，他才能够理解新的信息。让孩子了解生活的规律和秩序，能帮助他将新的信息与以前所了解的信息建立联系。

让孩子循序渐进地探索新的世界，逐渐拓宽探索范围，可以增进学习效果。孩子会将许多认知慢慢融合在一起，形成新概念。若能够把新的经验与正确的意义相连，他就比较容易取得进步。若旧的经验必须纠正才能与新的经验相连，那么孩子会因迷失方向而停滞不前。学习是一个渐进的过程，训练也必须一步一步地来。基于此，父母必须给孩子提供与他的理解能力相当的学习环境。

影响学习的因素很多，既有正面因素，又有负面因素，孩子的特质或者说气质、是否有兄弟姐妹、父母的决心、学习的目的、引导的方法等，显然都包括在内。一般来说，学习可分为三大类：基本技能的学习、知识的学习以及道德和行为规范的学习。让我们逐项加以探讨。

基本技能的学习

从本质上说，并非孩子的每个行为都与道德有关。有些行为在道德上是中性的，比如那些与基本技能有关的行为。孩童早期最重要且发展最迅速的技能之一便是身体上的技能，例如学习用汤匙、走路、游泳、系鞋带、骑自行车、踢球、攀爬。这些都与道德无关。学习的快慢与孩子所处的环境、学习机会的多少以及学习的动机有关。从完全无助的婴儿时期开始，孩子的这些技能便慢慢发展。大多数孩子都是逐渐学会这些技能的。比如，两三岁的孩子会用他的整个身体去扔球，当身体慢慢协调了，他就学会用手臂来扔球了。

每个人的技能、才能、天赋都不一样。基本技能，比如走路、跑步、蹦跳、攀爬是每个人都会的。天生的才能与基本的技能的不同在于，每个人天生的才能不同，某些人拥有某种特别的才能，而另一些人则没有。我们每个人都有才能，但不一定拥有相同的才能。天赋则是才能的放大。很多音乐家天生都有音乐方面的才能，但莫扎特的天赋特别高。

知识的学习

知识的学习是数据的累积以及逻辑能力的运用，是理性技能的学习。知识的学习与身体的发育类似，是从一般到特别，是渐进的。我们首先教孩子字母，然后教他们把字母放在一起组成单词，最后用单词组成句子。数字方面，孩子首先学会1，2，3，4，5，但是一段时间之后他们才会了解这些数字的意思，最后才会运算。再比如，孩子首先认识树，接着才开始区分各种不同的树，比如能够辨认松树与橡树，后来学会区分各种不同种类的松树。

道德和行为规范的学习

虽然知识上的学习很重要，但是道德和行为规范的学习更重要，两者不可或缺。这两种学习都要从婴儿时期就开始进行。孩子刚出生时是没有道德和行为规范意识的，也就是说，那时孩子还不懂得对或错。从孩子出生开始，父母应努力按照一般的伦理原则，让孩子从内心建立起行为规范。父母有义务为孩子的行为做价值的判断和道德方面的决定，直到孩子的心中有了健全的道德原则和行为规范。换句话说，在孩子早期，父母在教导他们时，为了使孩子行为适当，必须给他们一定的外在压力。虽然此时孩子还不了解为何某些行为是好的，某些行为是不好的。例如，孩子不了解为什么不能故意把食物丢到地上，但这并不意味着我们就不用教导他们不能那样做。

对成年人而言，是信念引导行为；但是，对孩子而言，恰好相反，是行为引导信念。这就是为什么父母在孩子了解道德观念之前，就必须坚持孩子要有道德的行为的原因。孩子先学会有道德的行为，然后再学会有道德的思想。举例来说，不去摘公园的花是有道德的行为，了解为何不能摘公园的花则是道德的思想。道德教育包括道德行为的训练和道德观念的学习两方面。行为在先，观念在后。本书着重于道德行为的训练。

道德以及自制力的训练

对一两岁的孩子来说，哪些是道德的行为呢？答案可能远多于你所能想到的。婴儿无法做出道德的选择，并不意味着他就没有道德的行为，也不意味着你不需要对他进行道德的训练。建立健全的学习模式，是建立孩子道德观念的第一步。形成基本的作息规律有助于建立健全的学习模式。如果宝宝能适应他所处的环境，就能充分发挥学习潜能，减少学习障碍；相反，若是从小父母就立即满足孩子的一切需求（用这样的方式养育孩子，是因为父母相信对孩子的每一个需要，不论是真实的需要还是父母感觉孩子需要，都必须立刻付诸行动，孩子才有安全感），孩子便会建立起不健康的学习模式。

让孩子得到适当满足，可以帮助他学会自我控制，帮助他延长集中注意力的时间，有助于其知识上的学习和道德行为上的训练。这里，我们的重点是“自我控制”。自我控制，即自制，是人类的基本美德。自制对仁慈、友好等美德，以及恰当的言语、控制负面情绪的能力产生影响，还会影响孩子的专注力以及其他能力。训练孩子有正确、道德的行为，便是训练他自制。

有些理论家认为，理性是道德的基础，应首先注重智力的发展，其次才是道德的训练。但是，我们希望读者进行反向思考：道德教育并不仅仅是在孩童早期进行的一项训练，它也是孩子学业取得成功不可或缺的。

为何上述说法成立呢？因为自制力并不是通过知识学习而是通过道德行为训练获得的。安静地坐着和集中注意力也是道德行为上的训练，它被理性的学习借用，以达成学业上的成就。我的孙女艾希莉9个月大时，坐在高脚餐椅上会弓起背，头往后仰。她的父母努力让她减少这样的行为。11个月大时，艾希莉便能端正地坐在高脚餐椅上了。他们还训练她用手势来表达她还要吃，或是想从椅子上下来（参见附录二“教宝宝手语”）。9个月大的宝宝已经具备了一些沟通能力，但还没有学会说话。对艾希莉来说，手语是她和妈妈沟通的一种方式。

在艾希莉所接受的训练当中，手语不是最重要的，最重要的是自制力的训练。艾希莉不把头往后仰、把背弓起来，与她选择用手势来沟通一样，都是自制力的表现。训练自制力并不只有一种方式。需要坐的时候端正地坐着，选择良好的沟通方式来表达自己的需要，都可以训练自制力，而自制力会让孩子一生受益。自制力是道德行为训练的结果，而不是玩教育类游戏或是学习数学的产物。虽然艾希莉还不知道为何要学习自制，但是学习自制有其道德和行为规范上的理由。

等到孩子满了5岁才开始训练他安静地坐着或是集中注意力已经太迟。这些技能都是通过自制力的训练培养起来的，而它们并不仅仅是孩子某个阶段的需要。这些技能应当在孩子一出生就开始培养。可以说，宝宝出生的第一年，你是在为他将来的发展打下根基。不远的将来，你会在孩子的学业上看到健全的道德行为规范对孩子产生的正面影响。

父母能改变孩子的智商吗？不能。父母能限制孩子的智商发展或是让孩子的智商得到充分发展吗？能。我们之所以持这样的观点，是因为如果父母在孩子出生之后不为孩子建立起生活的秩序，在孩子两三岁时仍不矫正无秩序的状况，确实会使孩子道德行为与学业的发展变得较为迟缓，智商发展受限。这就是《从0岁开始》（下）着重于孩子的内心的原因。内心是人类做一切事情的出发点，一切问题皆源于内心。父母注重孩子的内在，最终将会让孩子获得全面发展。只看中孩子的智力发展，你得到的，只能是一个也许很聪明，但是道德观念、规则意识薄弱的孩子。

在漏斗的范围内教养孩子

请看下图中根据孩子成长特点所画的漏斗。漏斗下面长长的部分代表孩子小的时候父母的养育方式，往上越来越宽的部分代表孩子逐渐成长的过程，孩子越大，给他的自由也应越多。当孩子从漏斗的底部向上渐渐成长时，孩子越来越能对自己的行为负责任，他所得到的自主权也越大。

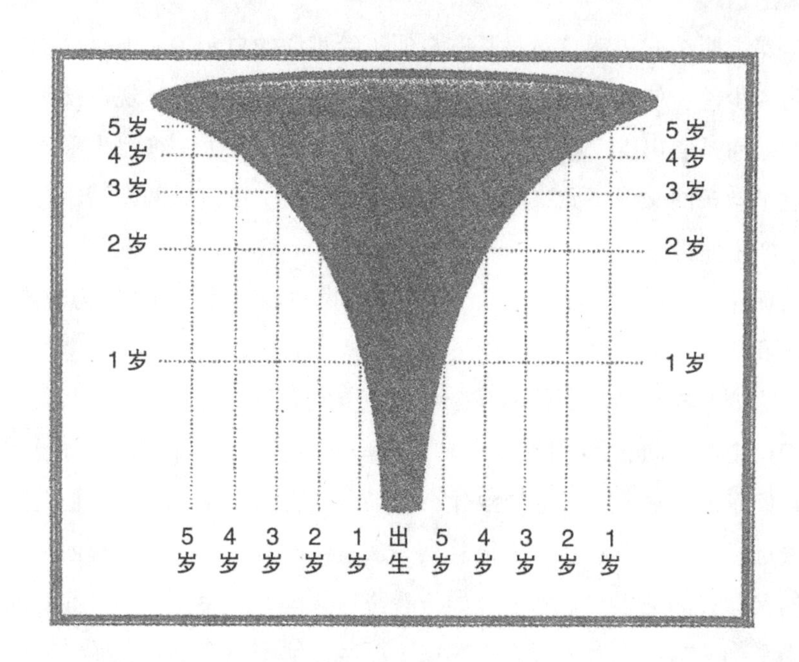

父母常犯的一个错误是，在孩子两岁以前给他的自由超出了漏斗的范围。所谓超出漏斗的范围，意即允许孩子拥有与其年龄、道德或智力不相称的行为。允许7个月大的宝宝拥有2岁大的孩子的自由，允许1

岁的孩子拥有 5 岁孩子的自由，便是给孩子的自由超出了漏斗的范围。

我们想强调的是，如果你希望孩子有和谐、适当的发展，就要在孩子具有与他年龄相称的自制力时，才给予他相应的自由。假如不根据孩子的自制力来给他自由，孩子便不知道如何运用他所拥有的自由，这会导致孩子的行为被冲动所控制。给予孩子的自由与孩子的自制力不相称，会造成孩子发展上的不平衡。请思考以下所列的三个公式：

自由>自制力→迷惑

自由<自制力→挫折

自由＝自制力→和谐

可以这样解释上述三个公式：

第一个公式表明给予孩子的自由超过了孩子的自我控制能力会给他带来困惑。

第二个公式表明孩子虽具有与他年龄相称的自制力，但是你给他的自由太少，会使他感觉受到了挫折。通常这种情况不会出现在孩子一两岁时，而是常出现于孩子 5 ～ 8 岁时。孩子逐渐长大，拘泥于形式或者说过于教条的父母不允许孩子去做同年龄的孩子可以做的事情，会导致孩子产生挫折感。

而第三个公式表明父母给予孩子的自由与他所拥有的自制力一致。

我们可以通过以下案例更深入地理解上述观念。

吉姆与布兰达看到他们 9 个月大的宝宝乔舒亚会爬了，非常兴奋，他们决定不去阻止他探险，所以完全没有限制他，乔舒亚可以触摸和探索任何东西。然而，这会导致什么后果？当吉姆一家去拜访他们的亲戚或去逛商店时，乔舒亚会去摸甚至去拿他所能看到的每一样东西。这时他的父母该如何限制他？他又如何看待这些限制？突然之间，乔舒亚的行为受到了前所未有的限制，对孩子而言，他不只会感觉受到了挫折，还会对父母产生敌意，而这完全是可以避免的。没有孩子愿意放弃你曾经给他的自由。

这个问题始于乔舒亚刚刚学会爬时，乔舒亚的父母没有给他设定符合他的年龄的限制。由于缺少限制，到处爬的乔舒亚面临的环境超出了他的应对能力。过多的自由让他无法对可能出现的情况做出恰当反应。显然，吉姆和布兰达给孩子的自由就超过了漏斗的范围。他们应该一开始就设定适当的界限来限制乔舒亚探索的范围，训练他尊重为他所设定的界限，然后再渐渐给予他更多的自由；而他们俩的做法恰好相反，他们把重点放在给予孩子自由上，但是孩子却没有办法恰当地与他所处的环境互动，结果他们只能从给予孩子自由变成限制他的自由。正确的做法应该是先限制自由再慢慢增加自由。

当然，有些时候你必须收回过早给予孩子的自由，因为你发现他还没有为承担伴随自由而来的责任做好准备。收回给予孩子的自由，不应该是教养孩子过程中的正常现象，然而，总有例外。你可以通过认真考虑应该允许孩子做哪些事情、玩哪些东西来避免出现上述情况。

例如，能不能让8个月大的孩子玩电视遥控器？如果可以，为什么？孩子了解它的功能吗？为什么遥控器不是玩具？如果孩子开始拿它来敲桌子，你是否会把它拿走？当你的孩子在邻居家拿邻居的电视遥控器在桌上敲，你如何阻止他？如果孩子拒绝把它交给你，你怎么办？突然之间，你要面对许多可能出现的情况，而这些情况本来是完全可以避免的。让孩子玩电视遥控器便是让孩子拥有的自由超出了漏斗的范围。对于8个月的宝宝来说，让他拿电视遥控器是没有意义的。为何要允许孩子有这样的自由，到后来又要纠正他的行为？毫无限制地给予孩子探索的自由，并不明智，也不健康，对他的发展没有好处。自由本身不是问题，问题是孩子没有办法恰当地运用自由。

以下是另一个例子。贝琪的父母觉得看女儿撕报纸很有意思，她非常享受撕报纸带来的快乐。但这种情况很快便超出他们所能控制的范围。贝琪的父母应该了解撕报纸的潜在危险：报纸锋利的边缘可能会割伤孩子娇嫩的皮肤。她可能会吞下纸片，甚至被噎到，或是吃下太多油墨而中毒，也可能会把报纸上的油墨或是纸屑弄进眼睛。除此之外，她还可能从撕报纸发展到撕书本——撕爸爸、妈妈、兄弟姐妹或其他人的书。这时父母怎么办？唯一的办法便是纠正她的行为。为了不让孩子撕书，贝琪的父母不再让她拿书，孩子失去了看书的权利，失去了阅读、受教育的机会。这也是给孩子的自由超出了漏斗的范围的例子。和乔舒亚一样，贝琪的父母也必须重新矫正孩子的行为。

由于重新矫正的结果通常不太令人满意，为了避免出现需要矫正的情况，你必须不断地根据孩子的年龄、理解力和能力来衡量应当允许他做哪些事，看看自己是否给予了孩子不恰当的自由。你必须不断地留意各种因素，控制各种变量，直到孩子有能力去应对与自由相伴的那些变量。

给予孩子的自由与孩子的自制力相符，孩子的发展才会和谐。“和谐”这个词对于一两岁的孩子来说是多么美好！它包含两种意义——令人愉悦的和整体有秩序的。这便是父母教养一两岁孩子应努力达到的目标。我们要让孩子日常生活的三个重要活动——进食、清醒和睡眠达到和谐。让我们再来看看刚才所举的电视遥控器的例子。与让孩子玩电视遥控器相比，若是给孩子玩适合其年龄的玩具，你就不太需要限制他如何玩。给孩子合适的玩具，不只是让你易于掌握变量，而且你也不需要不断地纠正孩子。不断地纠正孩子的行为、给孩子设定许多限制会对孩子造成干扰，导致他产生困惑。

你是否给予了你一两岁的孩子不恰当的自由？一个12个月大的孩子在他9个月大时就已经知道限制是什么，不论是在家中还是在外面，当妈妈说“不可以”时，他都知道该做出怎样的反应，渐渐地，他便能管理自己的行为，获得更多的自主权；相反，一个一开始就拥有许多自由的孩子，由于不会控制自己的行为，最后便会失去他原来所拥有的自由。对你和你的宝宝而言，如果你给孩子的自由限制在漏斗的范围之内，即一开始给孩子较少的自由，以后逐渐给孩子更多自由，你们的生活将会比较容易掌控，你们也会更愉快。

结语

身为父母，你肩负教养孩子的重任，你不能将其视为偶然。你应该接受教养孩子的挑战，并且了解教养孩子的过程从你开始。孩子是家庭的重要成员，用正确的方式来养育他是父母必须完成的使命。而对教养孩子来说，培养孩子良好的道德品质是一项重要内容。有些美德，例如仁慈、善良、温和、爱、诚实、荣誉以及尊重，是值得培养的。这些特质并不是孩子天生就拥有的，你必须慢慢教导、培养，让这些美德深入孩子的内心。

你是孩子生命的照管者，你应当引以为豪，不要逃避你应当承担的责任。好好管理孩子，直到他能够自我控制，并且根据伦理道德和行为规范来管理自己。要慢慢地给予孩子自由，在合适的时机，让孩子探险的自由从游戏床扩展到后院，再到家的附近。当你的孩子有了与其年龄相称的、有责任感的行为，表现出良好判断力的时候，就可以让他得到更多的自由了。这样的训练将会让孩子的心理得到健康发展，给他人带来欢乐。

1. 学习可分为哪三大类，请简要叙述。

2. 首先应当对孩子进行哪两个方面的训练？

3. 为什么自我控制对孩子来说很重要？

4. 请解释为何道德和行为规范教育并不仅仅是在孩童早期应该进行的一项训练，它也是孩子学业上取得成功所不可或缺的。

5. 如何正确使用本章根据孩子成长特点所画的漏斗？

6. “让孩子拥有的自由超出了漏斗的范围”是什么意思？

3 吃饭的时段

在《从 0 岁开始》（上）中，我们介绍了宝宝一天当中的三项主要活动——进食、清醒以及睡眠。随着年龄的增长，这三项活动仍继续进行。正如本书上册所介绍的，宝宝出生后第一年可分为四个阶段：第一个阶段是稳定作息阶段，第二个阶段是夜晚延长阶段，第三个阶段是白天延长阶段，第四个阶段是延长作息阶段。本章我们将要重点讨论第四个阶段——延长作息阶段（宝宝 6 个月或 6 个月以上）喂食的时间、添加辅食等与吃饭相关的事情。

采用父母引导式喂养方式（PDF）喂养的宝宝，大约在 6 个月大时，会从一天喂 4 次奶慢慢转变成一天喂 3 次（早上一次、中午一次、晚上一次），晚上睡觉前再喂一次。让我们复习一下：在本书上册中，我们主张采用父母引导式的喂养方式，这一方式能让宝宝营养均衡，身体及情感上的需要得到满足，而且能让宝宝的作息配合全家人的需要。如果你还在喂母乳，每天的最后一餐——睡前那一顿一定要喂，这样才能维持足够的母乳分泌。除一天三餐外，还要加上辅食。有时，下午可以给宝宝吃一点点心，因为从中餐到晚餐中间间隔了五六个小时。

开始喂固体食物（辅食）

当孩子开始吃辅食时，也要继续采用父母引导式的喂养方式。通常我们会在宝宝 4 ～ 6 个月时开始让他吃辅食，儿科医生也会经常给父母提出何时开始让孩子吃辅食的建议。影响宝宝开始吃辅食的时间的因素包括宝宝的年龄、体重和睡眠情况。让宝宝吃辅食并不意味着要减少宝宝的奶量。在这个月龄，宝宝所需的大部分营养仍然是从母乳或婴儿配方奶粉中获得的。只吃辅食或是只吃奶都不能让宝宝获得足够的营养。

如何开始喂辅食

妈妈都很关心宝宝的营养，经常提出以下问题：“该喂宝宝吃哪些辅食？”“宝宝不喜欢怎么办？”“如何将喂辅食的时间安排进宝宝原来规律的作息中？”“怎样开始喂辅食？”有一点值得注意，许多适用于大人的营养原则，同样适用于宝宝。

如果宝宝平常用餐的时间是7点（早餐），11点（中餐），下午3点（晚餐），晚上7点，那么你也必须在这几餐中为宝宝添加辅食，可以先喂奶再喂辅食。宝宝满6个月时，你要让他吃三餐的时间与其他的家庭成员一致。

喂母乳的妈妈仍然一天至少要喂宝宝4次母乳，以维持母乳足够的分泌。先让宝宝吸一边乳房，然后喂辅食，接着再让他吸另一边的乳房。如果发现宝宝辅食吃得不好，可以试着先喂一些辅食，然后让他吸一边乳房，接着喂辅食，再让他吸另一边乳房。喂婴儿配方奶的宝宝，则先喂一半婴儿配方奶，然后喂他吃辅食，最后让他把剩余的奶吃完。

请注意，不要在喂宝宝辅食两个小时之后给他喂奶，两个小时之后又喂辅食。这会让宝宝养成吃点心似的进食习惯，并且会让宝宝消化紊乱，睡眠和清醒的周期被打乱。

喂食也是训练宝宝的机会。一开始就让宝宝养成良好的进食习惯是非常重要的。不要让宝宝把吃手指、玩食物、将食物吐出来当作正常行为。若要让宝宝习惯用勺子或是叉子，可以让他在洗澡时玩一玩，但是不能让他在用餐的时间玩。等宝宝可以吃更多纤维性的食物，如豌豆、香蕉以及其他一些可用手拿的固体食物后，可以给宝宝合适的餐具让他选，宝宝自然会选择他比较容易使用的。一开始，用餐具对宝宝的手指头来说会有些困难，但是等到 18 ～ 24 个月时，宝宝便能熟练地使用勺子和叉子了。要有耐心。学习使用餐具是肢体技能发展的一个方面，也是孩子的正常成长过程之一。

开始让宝宝吃米粉

让宝宝吃米粉，可以从一天当中你觉得比较方便的那一餐开始。在这个过程中，你需要有耐心。把勺子放到四五个月大的宝宝嘴里，不只对你来说是一个新的体验，对于宝宝来说也同样是全新的体验。起先，宝宝会用舌头把吃进去的东西推出来，这并不是因为他不喜欢吃，而是因为他不知道该怎么办。通常要花三四天的时间，宝宝才会开始愿意吃勺子里的东西。

从第二周起，你就可以在早、中、晚三餐给宝宝喂一点米粉，比如混合口味的米粉、小麦粉或是燕麦粉，之后可以让宝宝开始吃蔬菜和水果。听听儿科医生的建议。开始时可以用一勺米粉混合四五勺母乳或婴儿配方奶粉，调稀一点，但是不要稀得从勺子上流下来。慢慢增加米粉的分量至 5 ～ 8 勺，米粉可以调得越来越稠。两周之后宝宝就可以吃蔬菜了。

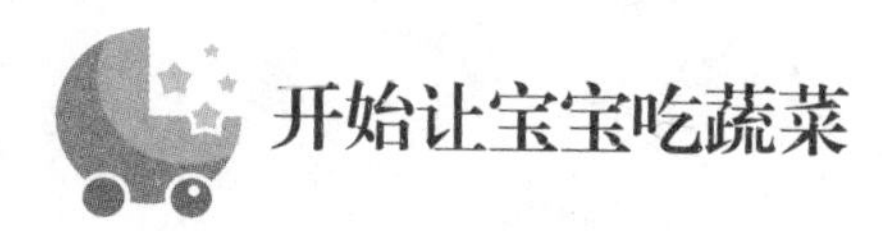

开始让宝宝吃蔬菜

让宝宝一天吃三次米粉两周之后，就可以让宝宝吃蔬菜了。每一餐的母乳或配方奶是必不可少的。关于如何开始让宝宝吃蔬菜，以下建议可能对你有帮助，你可以视情况来尝试。在吃中午这一顿时开始试着让宝宝吃黄色蔬菜，比如黄瓜、胡萝卜等。几天之后，再让宝宝吃其他的瓜类蔬菜。大约两周之后，开始让宝宝吃绿色蔬菜，再等两周之后，让宝宝吃水果。

每次尝试新的蔬菜或水果时，可以先喂他几勺，看看宝宝是否会过敏，注意宝宝是否哭闹，有无起红疹子、流鼻涕或是拉肚子的情况。最后才让宝宝尝试肉类，可以等到宝宝 1 岁之后再吃肉。能吃蔬菜、水果之后，宝宝的三餐应当这样安排：

早餐：米粉和水果。

中餐：米粉、蔬菜和水果。

晚餐：米粉、蔬菜和水果。

宝宝每餐应当吃多少？只要在合理的范围之内，就可以让宝宝吃到他不吃为止。如果有疑问，可以咨询儿科医生。

开始让宝宝吃水果

为了方便起见，你也可以把水果加在米粉中，但是不要加太多，因为水果是甜的，与蔬菜、米粉相比，孩子更喜欢吃水果。宝宝需要来自蔬菜的营养，水果不能代替蔬菜。因此，我们建议先给宝宝吃蔬菜，再让他吃加了水果的米粉。

自己烹饪宝宝的食物

煮宝宝吃的食物并不困难，煮蔬菜尤其容易。胡萝卜、绿色的豆荚类蔬菜（如豌豆）、马铃薯、红薯等都可以在冰箱里冷冻一段时间。你可以把胡萝卜、豌豆煮软，再放进搅拌机搅拌，如果太干，也可以加点水一起搅拌。马铃薯、红薯可以用烤箱烤软，把皮剥掉，加一点水，放进搅拌机里搅拌成泥。如果煮得比较多，需要装起来冷冻，要先把容器煮一下，然后晾干。需要时，把食物从冷冻室拿出来，放到冷藏室解冻。也可以对照婴儿食谱来给宝宝做辅食。

宝宝可以用手拿的食物

宝宝之所以能用手拿东西吃，是因为他有“抓”的反射。大约 8 个月大的时候他就可以自己拿东西吃了。宝宝学习自己拿东西吃的过程非常有趣。一开始，他会用小小的手指头找到一小块食物，把它抓起来，拿到嘴边，然后用整只手把食物塞进嘴巴，之后才慢慢学会用手指头抓住食物放进嘴里。父母应该多让宝宝吃一些可以用手拿的食物，但也要了解这只是一个过渡阶段，这个阶段能帮助宝宝从依赖别人喂食转变成自己用餐具吃东西。

果汁

宝宝喜欢喝果汁，你可以让宝宝喝，但是果汁不能代替正餐，也就是说，它不能取代母乳或是配方奶，而且宝宝也不需要每天喝果汁。

你可以在宝宝约 6 个月大时开始喂果汁。刚开始时，你可以让宝宝喝苹果汁、葡萄汁等。1 岁之后，让他喝含果肉的果汁，比如橙汁、西柚汁等。有些果汁比较甜，可以加些水。

一开始时，可以只让宝宝在吃完正餐之后喝果汁，要用杯子，不要用奶瓶。我们建议你不让宝宝用奶瓶喝果汁，尤其是不要让宝宝抱着一瓶果汁睡觉。果汁中的糖分会引起宝宝龋齿。可以在宝宝下午睡醒或是带他去购物时，给他喝点果汁。

点心

有些儿科医生建议在宝宝 6 个月大时开始让他喝果汁或是吃可以用手拿的点心。宝宝会觉得吃点心很好玩，但是，与其他方面一样，适量非常重要。要注意，点心不是正餐，不要给宝宝吃太多。如何知道宝宝点心吃得太多？点心吃得太多，吃东西的习惯会受影响，宝宝下一餐可能吃得很少，或是很挑食。如果出现上述情况，就应该减少宝宝吃点心的分量，或是完全不让他吃点心。以下是一些有关孩子吃点心的小贴士：

（1）不必每天给孩子吃点心。

（2）不要用食物来避免冲突，用点心来影响孩子的行为是不明智的。

（3）如果孩子醒着的时间比较长，不要把食物当成安抚奶嘴，用吃的来哄孩子。

（4）吃点心要有固定的地方，比如婴儿餐椅或是餐桌旁的高脚椅上。

不要让孩子边爬或边走边吃点心。

（5）可以在下午孩子刚刚睡醒时给他吃点心。

挑嘴的孩子

和大人一样，孩子也有他特别喜欢吃的东西和口味。不过，不要太快做出孩子不喜欢某种食物的结论，然后给他吃别的东西。有些时候你可以给宝宝吃他喜欢吃的东西，但是你也要考虑到全家人的需要。当宝宝到了一定的年龄，就可以让他和全家人吃一样的东西了。

很多人的挑食习惯是后天养成的，他们并非天生就挑食。身为父母，你们要仔细想想自己是否过于注重营养，是否挑食，也可能你自己就很喜欢吃“垃圾食品”。不要对食物抱有太多偏见，虽然这并不容易。家庭用餐的时间不是争吵的时间，厨房和餐厅也不应该成为战场，尽力在用餐时让每个人都心情愉快。以下方式可以让家庭用餐时间变得更加美好：

（1）宝宝不到 6 个月：如果宝宝能坐婴儿餐椅，就让他和大家一起坐在餐桌旁。餐桌旁家人的面孔和声音可以让宝宝一开始就形成他是家中的一员的概念。也可以把全家人用餐的时间，安排成宝宝在游戏床上玩的时间。

（2）宝宝 6 ～ 12 个月或可以自己吃饭时：这个年龄的宝宝可能在全家人坐下来吃饭之前便开始吃了，因此当全家人开始用餐时，宝宝可以坐在婴儿餐椅或是餐桌旁的高脚椅上自己吃可以用手拿的东西。这样，每个人都有参与感，而且妈妈也可以好好地用餐。

（3）12 个月及以上：这时，全家人用餐的时间一样了。晚餐是全家在一起的美好时光，为了让用餐气氛愉快，尽量在早餐或中餐时纠正孩子用餐的不良行为。但是这并不意味着晚餐时你就不必纠正孩子的行为，而是说可以在其他用餐时段用更多时间和精力去纠正孩子的不当行为。

结语

在对孩子的各种训练中，让孩子建立良好的进食习惯可能是最容易的。由父母来引导孩子，形成规律，训练就会更加容易。

学习吃辅食是宝宝成长过程中的一个自然环节，一开始让宝宝吃辅食时就要好好训练他，一定不要等他养成不良习惯之后再来纠正。

1. 在宝宝成长的第四个阶段——延长作息阶段，一天应该喂宝宝几次？

2. 在正常的情况下，父母应该何时开始给宝宝吃辅食？

3. 哪些错误的喂食习惯会让宝宝消化紊乱，睡眠和清醒的规律被打乱？请解释。

4. 应该在什么时候开始让宝宝吃蔬菜？

5. 应该先让宝宝吃水果还是蔬菜？请解释。

餐椅上应有的态度

如果把宝宝坐在婴儿餐椅上的时间加起来，那么他一个星期坐在上面的时间长达几个小时之久。要利用这个机会让宝宝学习。有许多因素会对宝宝各方面的发展产生很大影响，餐椅上的行为也是其中之一。在道德和行为规范的训练上，父母对孩子的影响是持续不断的。不管是吃饭时间、游戏时间还是独处的时间，父母对孩子的行为要求都应该相同。例如，孩子不能把食物丢在地上，不能碰音箱等。虽然具体事情不同，但是父母对孩子提出的要求，以及孩子的反应应该是一样的，不同的只是孩子犯错的问题和态度。餐椅上的“不可以”与客厅里的“不可以”是一样的。

孩子一两岁时，父母往往只注意到孩子的某一个行为，事实上，在训练孩子的过程中，在处理孩子的每一个行为时你都必须前后一致。虽然孩子所做的事不同，事情发生的地点不同，但是为了孩子的健康成长，你处理每一种状况的态度必须保持一致。

如果孩子用餐时有一些不良行为，想一想在这天当中其他地方、其他时候，孩子是否也有不良行为，这些行为是否相关？只是在吃东西方面孩子有这个问题，还是在其他方面孩子也有类似问题？例如，如果孩子坐在餐椅上吃饭时用手摸了不该摸的东西，想一想在客厅里他是否也有相似的行为？若是如此，孩子的根本问题在于他缺乏自制力，而并非仅仅是用餐时表现出来的某一个问题而已。

如果在吃饭时间你给宝宝定下了某些规矩，那么在其他时间、其他地方，你对宝宝也应该有相同的要求。同样，如果你在其他时间要求宝宝听话，但是在用餐时间却对宝宝没有任何要求，他也一定会感到困惑。

训练宝宝控制自己的手

身为父母，你在孩子的认知发展，即学习如何使思想化为行动的过程中，扮演着主动的角色。等孩子长大些再训练他这一想法是不明智的，以后再训练是“开倒车”。应当把“从一开始就训练孩子有良好行为”，而不是“等孩子养成坏习惯再去重新训练他”当作你教养孩子的格言。

用餐时宝宝和妈妈有很多在一起的时间，你可以利用这个机会教孩子一些基本的技巧和行为规范。例如，你可以教宝宝如何恰当地用他的手，如何发出恰当的声音，并且教他餐桌上的礼貌。通过示意孩子做某个动作或禁止他做某些动作，宝宝可以学会上述行为规范。给宝宝喂食时，不要让宝宝抓着你的手把食物送进嘴里，食物会沾到他的脸上或是掉到餐椅上。不要让他抓着你喂他的勺子或是叉子。这里所举的只是一些简单的例子。早期的不良行为，到后来还是要纠正，那时父母将不得不对孩子进行重新训练。

如果必要，你可以握住宝宝的手，让他的手远离食物；最好是一边给宝宝喂食，一边教他手应该放在哪里。如果宝宝能好好控制自己的手，你便可以免去许多麻烦。在孩子很小的时候，父母往往会在孩子有错误行为之后很久才做出反应，纠正他的行为，重新训练他，而不是一开始就制止孩子，给他正确的引导。例如，刚开始，孩子把手伸进碗里摸食物，父母默许了，然后他把食物弄得椅子上到处都是，还用手在衣服上擦来擦去，父母十分恼火，这时才开始纠正孩子，重新训练孩子的行为。

对孩子而言，不让他做你曾经允许他做的事比一开始就限制他更加难以接受。父母应该在一开始便训练孩子，制止他的某些不当行为，以后再慢慢放松，给他更多的自由。而不要先给孩子自由，日后又把自由收回。

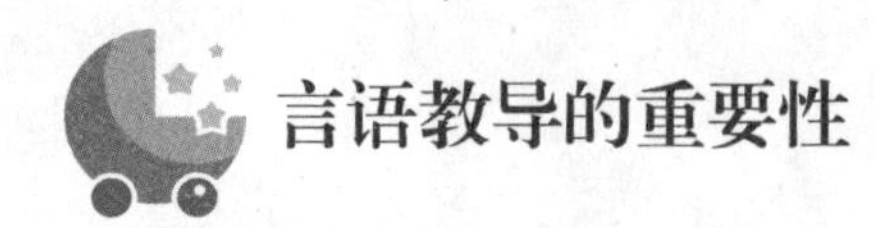

言语教导的重要性

有时，你可能不知道你教宝宝的事情，他到底听懂了多少。其实宝宝所听懂的内容远超过你的想象。在进入延长作息阶段之前，宝宝的理解力已经开始萌芽。让我们看看宝宝理解言语、使用言语的三个阶段。

对字或词语的理解，这是第一阶段。宝宝在能说出字或词语之前，早就能理解它们的意思了。在你的鼓励之下，6 个月大的宝宝可以挥挥手表示再见。8 个月大时，从宝宝的反应就可以知道他已经理解了许多词语和表达。例如“来妈妈这里”“坐下”“亲一个”“抱抱你的娃娃”“看这架飞机”“摸摸小猫咪”“挥挥手再见”，等等。正是因为理解了这些词语和句子，宝宝能够对你的话做出反应，但是他还不会说这些词语和句子。

对字或词语的表达，这是第二阶段。通常，宝宝会在 12 个月之后进入第二阶段。宝宝可能会先对他的玩具“咿咿呀呀”。“咿咿呀呀”对宝宝来说是有意义的，他是在通过发出这些声音来表达他的想法。

字或词语的阅读，这是第三阶段。这个阶段大约是从两岁半开始的（有关宝宝语言能力的发展请参见附录一）。

宝宝开始学习时，一方面你要耐心地用语言指导他，另一方面你要清楚地让他知道你的要求。例如，吃饭时，你要告诉宝宝，他的手应该放在哪里。你可以握住他的手，让他把手放在餐盘的两侧，或者放在他的腿上。你可以说：“请把小手放在桌子的两边。”一边说，一边握住宝宝的手，把它们放在那里。

与孩子因不知道该怎么做而做出错误行为（例如，把蔬菜泥擦在妈妈的衣服上）相比，让孩子把手放在合适的地方的好处很明显。请记住，一开始就要训练孩子有正确的行为，以避免日后再去纠正他的错误行为。对孩子要有耐心，要主动地训练孩子，而不是被动地等到孩子有错误行为之后再去矫正。

训练的方法

父母有责任训练孩子。“训练”这个词的意思是：主动开始，建立模式，让孩子自己去学习。对一两岁孩子的训练目标，并不是阻止他向外探索，而是帮助他建立健康的行为模式，以便孩子日后能良好地学习和生活。这些行为模式包括集中注意力，专心做他正在做的事，这也是生活的基本技巧之一。对孩子的训练始于为孩子建立有规律的生活作息，还包括不断鼓励孩子、赞扬孩子的正确行为，以及纠正其错误行为。

在一两岁这个阶段，孩子需要纠正的错误是行为上的，而非道德上的。除了纠正错误的行为，我们还要鼓励其正确的行为。孩子不会天生就有正确的行为模式，父母必须加以训练。

当孩子坐在餐椅上时，我们有很多机会可以训练他。为达到目的，父母应根据孩子的年龄采用正确的方法，给孩子设定恰当的限制。与进食有关的不良行为可以采用以下方法来纠正：

（1）用言语来纠正。使用这个方法，父母必须拥有言语上的权威。

（2）把宝宝放到婴儿床里单独待着。这个方法的意义在于让孩子离开做出错误行为的地方，一两岁的孩子很快就能学会原因和结果之间的关系，也很快就能明白，父母不会容忍错误行为，不会做出妥协。

（3）失去某项权力或某个玩具。这个办法也相当有效。对一两岁的孩子而言，这样做的目的在于增强父母言语的指示性。

（4）适当地捏或者打孩子的手：身体上的不舒服比其他任何事情都更能让人加深印象。用一定程度的身体上的刺激来矫正行为，适用于阻止会爬、会走的孩子用手去摸不应该摸的东西。伴随着言语矫正的打手和捏手都不是惩罚，而是制止，或者说是让孩子产生深刻印象的办法。

使用以上任何一种方法，让孩子注意不能做哪些事，都不会给孩子留下心理上的创伤，影响孩子的自尊，训练孩子打人，教导孩子暴力，或是使得孩子成年后虐待自己的孩子；相反，这些方法可以帮助孩子做出正确的选择。

在这个阶段，用言语纠正孩子，让他单独待一会儿，让他失去某些权力或东西，捏手或者打手，已经足以训练孩子了。让我们再次回顾下本节内容：为达到目的，必须选择适合孩子年龄的行为矫正方式。请记住，你的首要目标是帮助孩子获得与其年龄相符的自制力。

宝宝出生后至几个月的作息和行为规范，会为他一两岁的发展奠定基础。在接下来的 6 ～ 8 个月，父母应强化并拓展这一基础，好让宝宝在进入社会化阶段，即第 14 ～ 40 个月时，能够接收并且整合大量的外来信息。如果你在宝宝一两岁时为他打下了良好的基础，那么宝宝三四岁时，你就能成功地训练好他。所以，千万要利用好宝宝一两岁的这个重要时机。父母的训练会对孩子的未来产生长远的影响。

有关进食的错误行为

你可以把下面所列有关进食的错误行为当作训练孩子的良好机会。虽然孩子所犯的错误不同（这些错误可能彼此相关），但纠正的方法通常是一样的。以下是宝宝进食时常有的不良行为：

（1）弄翻碗盘。

（2）乱扔食物。

（3）把食物当玩具。

（4）在椅子上擦手。

（5）敲打碗盘。

（6）站在餐椅上。

（7）弓腰驼背。

（8）把饭或水吐出来当作游戏。

（9）大喊大叫。

这些行为有其共通性，所以可以用相同的方法来纠正。下文以上面提到的前两个问题——故意弄翻碗盘以及乱扔食物为例来说明。不论是矫正孩子的不良行为或者坏习惯，还是从一开始就避免让孩子出现这些行为或养成这些坏习惯，都要切记，父母必须前后一致才能达到目的，尤其是对一两岁的孩子。

故意弄翻碗盘或乱扔食物

父母应该把孩子可以用手拿的食物，直接放在餐椅配的餐盘上或是碗盘里。把孩子可以用手拿的食物放在碗盘里，孩子常常会好奇地拿起碗盘，把它翻过来或是弄到地上，结果碗盘里的东西都倒出来了。父母要坚定地对孩子说："不能碰碗盘，只能吃你的东西。"这便是从一开始就训练孩子。如果你让孩子玩碗盘，即使他没有翻倒食物，但是你给了他不必要的自由，使得他有可能做出错误的行为而远离正确的行为。让孩子玩装有食物的碗盘对他以后的发展毫无益处。

"但是这样会不会限制孩子的创造力？"许多人会问。不会，你不会限制孩子的创造力，把食物打翻在地上并非有创造力的表现，而是一个错误的行为。创造力必须是有建设性的，而非破坏性的。

有时，孩子会不小心把食物弄掉，这时并不需要纠正孩子。但是，如果孩子是故意的，就必须纠正他的行为。有些父母极力避免冲突，故而不去训练孩子的自制力；有些父母相信，让这么小的孩子有自制力要求太高了。这些父母给予了孩子行为上的自由，后来却不得不收回这些自由并纠正孩子的行为。我们将这一做法称为“信用卡式的教养方式”，以后你必须付出重新训练孩子的代价，而且还要交上利息。

有些妈妈通过改变孩子周围的环境来让孩子减少错误的行为或做出错误行为的可能性，而不是训练孩子不要有不良行为。比如，她们会把塑料婴儿泳池放在餐椅下，这样，孩子就可以快乐地玩他的食物，而且餐厅的地板仍能保持干净。然而，总有一天孩子会学会把食物丢到远处，让它掉在泳池外面。因此，虽然不给孩子设立行为规范可以避免亲子产生冲突，但这却是暂时的，而父母会因此失去一个训练孩子自制力的大好机会。用改变环境的方式逃避训练孩子吃饭时的行为规范的父母，日后会很容易对孩子发火。通过正确地对待食物获得的自制力，孩子能将其用于饭厅之外，以及日后的成长中。放弃训练孩子自制力的机会，将会对孩子的智力成长产生负面影响。

你可以通过立刻强化孩子印象的方式来纠正孩子把食物丢在地上的行为。首先，用言语来纠正。接着，用打手或捏手强化孩子的印象。如果他再犯，就把他放到婴儿床里，让他单独待着，哪怕他哭闹也要坚持。当让孩子单独待着的时间结束后，让他回到餐椅上，如果孩子仍然固执地做出同样的行为（有些孩子会如此），就取消孩子吃饭的权力，可以让他去小睡。有件事是确定无疑的：立刻纠正孩子的行为，以及父母态度前后一致，有助于更快地让孩子建立正确的行为规范。过去，教育家们担心父母管孩子管得太紧，而今天，我们却担心父母对孩子管教不够。

纠正孩子乱扔食物行为的办法，也适用于纠正前面提到的其他进食方面的不良行为。例如，若孩子把食物当作玩具，站在餐椅上，或是敲打碗盘，可以用言语来纠正孩子；接着，如果必要，可以轻打或者捏孩子的手，打他的屁股（如果宝宝站在餐椅上），抱他到婴儿床上单独待着，或是几种方法并用。纠正这个年龄的孩子的行为，你所能选择的方法很有限。

如果孩子故意吐出水或食物，你可以把手指放在他的嘴唇上轻轻弹一下，对孩子说："不行！不能把食物吐出来。"如果需要进一步纠正，可以让他单独待着。采用上述方法，一两岁的孩子，尤其是采用本书喂养方式带大的孩子，会对你所采用的矫正方法做出正面的响应。

低哼哭闹

低哼哭闹是一种不受欢迎的沟通方式，因为它会使人变得气恼。这种沟通方式是孩子学来的，并不是他情感上出现问题的信号。从什么时候开始孩子会低哼哭闹呢？从孩子能表达自己的想法时就开始了。虽然这个阶段，低哼哭闹并非一种叛逆的行为，但是如果不尽早处理，就会变成一种坏习惯，变成孩子操纵父母的工具。而对孩子妥协，则更是会强化孩子的这一错误行为。

在孩子 15 个月之前，低哼哭闹通常反映出他能说的话不够多。举例来说，如果孩子还想吃，他会用半哼半哭的方式表达他的需求。在这个年龄段，虽然孩子是在哭闹，但他是在表达需要，而不是在挑战父母的权威。不过如果你能正确地应对孩子这时的低哼哭闹，你就能避免孩子三四岁或更大时出现这样的不良举止。

一条可行之路

低哼哭闹本身并非问题的根源，它是缺乏沟通的方法造成的。8 ～ 12

个月的孩子已经能够理解很多事情，但是却无法用言语表达。

为避免孩子低哼哭闹，增加孩子表达的技巧，你可以在宝宝8个月左右教他用手语来沟通。教孩子表示“请”和“谢谢”永远不嫌太早。请记住，孩子在会说话之前便能理解许多话语了。你可以教孩子表达“请”“谢谢”“停”“还要吃”以及“吃饱了”。关于如何教孩子手语，请参见附录二。

手语一次只教孩子一个。一边说一个字或一个词，一边牵着孩子的手做动作。先教孩子“请”，然后把要求加在“请”的后面。例如，“请再给我一些奶酪”“请再给我一些肉”“请再给我喝点儿水”。如果你觉得孩子已经理解，但拒绝用手语，可以通过让他了解因果关系来纠正其行为。例如，如果孩子想吃更多东西，你可以先不给他，直到他用“请”的手语；如果孩子想从餐椅上下去，但他不愿意用“请”，就把他留在椅子上。如果你发现孩子在和你对抗，就让孩子单独待着，不要给孩子挑战你的权威的机会。以下是教孩子手语的四个理由：

（1）通过手语，你可以帮助孩子养成自我控制的习惯。

（2）手语可以为孩子提供一个正确表达自己的方法，可以避免让孩子用错误的、不当的方法来表达自己。

（3）手语有助于你更好地纠正孩子的行为。有些时候，比如在公共场合，父母不便用言语来纠正孩子。用无声的手语配合妈妈脸部的表情，一样可以达到纠正孩子行为的目的。

（4）教孩子手语就是教他第二种语言，以后他学习其他语言也会更容易接受。

一开始牵孩子的手，教他学手语时，如果孩子拒绝，请不要惊讶。这是孩子在表达他的自主权，宝宝从7个月起就学会表达自主权了。

有个妈妈告诉我们，当她牵起7个月大的宝宝的手教他手语“请”时，她的宝宝断然拒绝，让她非常惊讶。她说：“当孩子拒绝学习，而且极力抵抗时，我吃了一惊，我了解到这是我们之间的第一场战役，我必须赢。我坚持继续教他，一周之后，当他想要什么东西时，他就很乐意而且很愉快地用手语来表达‘请’了。更让我赞叹的是，孩子的顺从竟然为他自己带来了快乐。孩子的沟通能力不仅让我们赞叹，还赢得了与他接触的其他人的赞赏。”这位母亲继续说，“现在，他20个月大了，他还会用手语表达‘请’‘谢谢’‘还要更多’‘吃完了’‘妈妈’‘爸爸’以及‘我爱你’。不仅如此，他还学会了其他语言上的技巧。”

从孩子以后的发展情况可以很明显地看到早期手语训练的益处。3岁的埃瑞克在情人节收到了一份大人给他的礼物，这个用锡箔纸包装的礼物立刻吸引了他的注意。埃瑞克的妈妈站在送礼人的背后，不断向埃瑞克做“谢谢”的手语，于是埃瑞克转身微笑着看着送他礼物的艾太太，大声地向她说：“谢谢您，艾太太！”用手语来暗示比用言语来提醒好处太多。

教孩子手语需要花时间，只要坚持，并且有耐心，你们一定都会取得成功。

结语

有些父母只知道要让孩子快乐，但是不曾了解，让孩子快乐而不加限制，等于是剥夺了孩子从父母设定的充满爱和智慧的规则中获得力量的机会。纠正孩子用餐时的行为，为孩子提供了学习自制力的机会，父母要抓住这个机会训练孩子，并且记住，早期的训练可以帮助孩子建立正确的行为模式，有助于孩子未来的成长。

1. 训练一两岁孩子的目标是什么？

2. 请列举并叙述孩子语言发展的三个阶段。

3. 在餐椅上应有的态度是怎样的？

4. 请简述四种纠正一两岁孩子不良行为的方法。

5. 在纠正孩子行为的过程中，有哪些因素可以加快纠正的速度？

6. 什么是“信用卡式的教养方式”？

5 清醒的时段

在孩子成长的早期，应当充分利用孩子清醒的时段，为孩子的身体发育和心理健康奠定良好的基础。在一两岁这个阶段，无益的、不当的训练会严重地阻碍孩子的身体及心智发展，这便是为什么建立正确的行为模式是实现孩子的发展潜能的基本要素。父母不仅要留意应该给予孩子什么，还要特别注意如何给予。

不给孩子设定任何规范或者限制，让孩子服从合理的要求，反而一味允许孩子在成长的过程中做一切他想做的事，对孩子来说是不公平的。孩子在早期时特别需要引导，因为这正是他为未来打下根基的时候。如果父母能够关心孩子，为孩子铺设正确的道路，鼓励孩子沿着这条道路前进，孩子就不会行差踏错，而且学习的效率也会提高。

帮助孩子在一两岁时建立正确的行为模式非常重要。正确的行为模式对孩子接受大人对他的引导、纠正和限制，给他的自由，以及良好地应对越来越广泛的人际关系有决定性的影响。随着孩子的成长，他的世界越来越广阔、越来越复杂，因此，学会如何吸收知识、如何响应父母的引导，都会为他将来的成长打下根基。

阻碍孩子的发展

阻碍孩子的发展并不一定意味着完全剥夺孩子学习的机会，而往往意味着剥夺孩子最佳的学习机会。总的来说，孩子所处的环境决定了他的学习模式。我们认为，当父母以为学龄前的孩子主要依靠冲动及短暂的注意力来学习，让孩子对事物只保持三分钟热度而不加引导时，就会阻碍孩子的发展。例如，允许孩子毫无障碍地在家里到处爬或到处走，完全不限制他，没有给予孩子任何引导和指示，只让孩子从不断尝试错误中学习，孩子便会对他学习的渠道产生疑惑。而通过尝试错误的方式学习，是幼小的孩子往往无法良好地应对的。

3岁以下的孩子尤其需要来自父母的指示和引导。父母必须帮助孩子建立正确的学习模式，让孩子在相应环境中有相应的行为，他才能把自己学到的观念用在其他的情况之下。“不要把食物丢在地上”和“不要摸音箱”是我们前面举过的两个例子，虽然这两种行为要求不同，但是孩子应有的回应是一样的，即都应当听从父母的指示。如果父母只在客厅强调某些要求，在厨房却完全不加限制，孩子便无从分辨父母的要求到底是什么，究竟哪些可以做，哪些不可以做。

安排学习的机会

学习的机会主要来自有计划的安排，而非偶然。为孩子提供良好的学习环境，孩子才能建立健康的学习模式。要达到这一目的，你便需要在宝宝清醒的时段做一些安排，包括安排宝宝自己玩的时间、宝宝与家人一起的时间，以及宝宝自由游戏的时间。

计划宝宝自己玩的时间

游戏也是一个学习的过程，然而因为父母掌握着整个学习的大环境，所以对1～3岁的孩子而言，在游戏中学习并不只是凭兴趣就可以实现的。考虑到这一点，父母既需要给孩子提供有计划的学习时间、妥善安排的学习环境，也需要给孩子无计划、无安排的自由游戏时间。有计划的游戏时间，是指父母在一天中安排一段时间让孩子自己玩，宝宝出生后头几个月可以在游戏床上玩，稍大一些可以在房间里玩。

游戏床时间

很多父母把游戏床当作限制孩子活动范围的地方。虽然这是游戏床的一个合理用途，但它却不应是游戏床的主要功能。一开始就有计划地使用游戏床，父母便能在日后看到它所带来的好处。宝宝约 6 个月时，就可以给他安排些时间在游戏床中小睡；游戏床方便携带，父母带着孩子外宿时，也可以带上游戏床，让宝宝睡在游戏床里。游戏床是给予孩子安全感以及有效地帮助他学习的基本工具。它可以培养孩子基本的学习技巧，比如安静地坐着、集中注意力做一件事等。

为何要使用游戏床

以下是游戏床带来的几个好处：

（1）游戏床能给孩子提供一个安全的环境。当你必须去做其他事情，无法将注意力完全放在宝宝身上，而宝宝又没有睡觉时，游戏床便是一个可以让宝宝安全地待着的地方。它可以让你洗个澡、从车里卸下在超市买的东西、照顾另一个孩子，而当你在做这些事情时，游戏床可以保障孩子的安全。

（2）游戏床方便携带。很多游戏床是可折叠的，带着宝宝外出过夜时特别有用，它能给宝宝提供一个干净和熟悉的地方睡觉。

（3）游戏床能为孩子提供一个良好的学习环境。可以把游戏床当作宝宝的第一个学习场所。游戏床有助于孩子智力的发展，每天安排一些时间让孩子在游戏床上玩，能为孩子带来以下好处：

①培养孩子集中注意力的能力。游戏床可以培养孩子专注于手边的一样东西或一个游戏的能力，让他不会分心，随时转移注意力。

②延长孩子的专注时间。在游戏床上，孩子会拿起一个玩具，在手中玩来玩去，仔细观察它，而且不断重复这个过程。

③培养孩子的创造力。创造力是限制而非自由的产物。拥有绝对的自由，便无创造性地思考以及解决问题的必要。

④培养孩子自己玩的能力。这是宝宝从依赖父母迈向独立的一个信号。

⑤培养孩子的秩序感。训练孩子保持环境整洁、有秩序的第一步，便是教他收拾玩具。刚开始时，父母可以在游戏床的一角放几本书，在另一角放一个装着一些小玩具的篮子。当在游戏床上玩的时间结束后可以对孩子说："让我们把玩具放回篮子里"或是"宝宝帮助妈妈一起收玩具吧"，目的是通过孩子的参与让游戏床保持整洁。

如果父母没有给孩子安排规律的游戏时间，尽管他以后也可能会获得上述能力，但获得的时间却往往会滞后。

何时使用游戏床

孩子在游戏床上玩耍的时间应当固定，父母可以选择宝宝清醒、活泼的时候，不要在小睡之前。在宝宝拿得到的范围之内放一些有趣的玩具，或是用篮子装着小玩具放在游戏床里。玩具必须适合宝宝的年龄，父母视情况更换。宝宝在5个月大时也许会觉得蓝色的、闪亮的、会发出声音的玩具很吸引他，而到了10个月他可能就会压根不去碰这些玩具了。

应该给宝宝玩哪些玩具，此处就不再赘述。你可以从图书馆借阅一些育儿书籍，它们会告诉你哪个年龄段的孩子喜欢哪种类型的玩具。但有一点要注意，选择合适的玩具很重要，父母要了解哪些东西不能当作玩具给孩子玩。各种工具、器材、机械装置，爸爸、妈妈的个人物品，比如妈妈的耳环、唇膏、手提袋都不能当作玩具。爸爸口袋里的笔、钱包也不能当作玩具。父母完全可以根据孩子的年龄以及常识来为宝宝选择一些合适的玩具。

如果宝宝是双胞胎，可以让他们轮流在游戏床上玩。比如可以安排他们俩一个上午在游戏床上玩，一个下午在游戏床上玩，偶尔也可以让他们两个一起玩。

如果家庭条件允许，你们还可以视情况挪动游戏床的位置。比如，周一到周五，你可以把游戏床放在客厅；周末时，你可以把它放在落地窗前，让宝宝看看前院或后院里正在玩耍的孩子们；天气暖和时也可以把游戏床搬到屋外。可以将游戏床放在你很容易就可以看到孩子，但是他却看不到你的地方。看到妈妈或爸爸会分散孩子的注意力，让他无法专注地玩。事实上，让孩子能看到你们，就是让他选择是要爸爸妈妈还是要自己玩有创造力的游戏，而这对孩子而言并无益处。如果你住在小公寓里，你可以发挥想象力，用一些可以搬动的家具或帘子，把客厅或房间分隔出一部分来放游戏床让孩子玩。

宝宝在游戏床上玩耍的时间可以随着年龄的增加而延长。在宝宝刚出生的几个月，他一天当中应该有两次在游戏床上玩耍的时间，每次10～20分钟。当宝宝可以自己坐着的时候，你可以延长时间至15～30分钟，也是一天两次。当宝宝开始爬了，可以延长至30～40分钟，至少一天一次。宝宝15～20个月时，就可以让他在游戏床或是自己的房间里玩上一个小时。当然，这些只是建议，你们可以视情况而定，有些宝宝能在游戏床里玩很久，有些则玩的时间比较短。

这里要提醒大家，不要过度使用游戏床，让宝宝整天待在游戏床上。在游戏床上玩耍的时间应该是孩子每天活动的一部分，但不应整天都把孩子留在里面。希望你能记住，任何年龄的孩子，对于限制都是又爱又恨。他们不喜欢限制，因为他们无法消除限制；但是，他们又喜欢限制，因为它给孩子提供了安全感。如果孩子一开始不喜欢游戏床，你还是可以坚持让他尝试，孩子最终会喜欢上游戏床的。

较晚开始使用游戏床

如果以前你不曾让孩子在游戏床里玩过，那么现在如何开始呢？你可以从每天让孩子在游戏床里玩10分钟开始。一个月之后，试着延长至30～45分钟。一开始孩子可能会因为被放在游戏床里而哭闹，但是考虑到游戏床可能给孩子带来的益处，让孩子流一点眼泪是值得的。当你的下一个孩子出生以后，就可以早一些让孩子开始在游戏床里玩了。

在房间里玩耍

孩子18～22个月时，你就可以不用游戏床，而让孩子在房间里玩了。在房间里玩与在游戏床上玩一样，只是地点变了，父母应当采用的原则以及时间安排是相同的。你仍然应该把这段时间安排进孩子的日程当中。在房间里玩并不意味着孩子可以做任何他想做的事。不应允许孩子搜遍整个房间，翻出所有玩具，或是把家具弄乱。父母应当给孩子一些引导。起初，你可能需要在孩子玩耍的房间门口装上门栏，但是，你的目标是让孩子可以独自在房间里玩耍一段时间，而不是限制他的行动。当孩子已经有了一定自制力，并且能对自己的行为负责任时，就可以给予孩子适当自由当作奖励。

有些孩子有自己的房间，可以在自己的房间里玩。有些孩子没有自己的房间，比如当孩子跟兄弟姐妹住在一个房间里时，要让孩子有单独在这个房间里玩耍的时间似乎不太现实。让孩子在房间里玩耍的一个目的是给孩子更大的玩耍空间，所以你可以让孩子在房子里的任意一个安全的地方，例如客厅的一角玩。重要的是随着孩子的成长，你要增加他的活动空间。

不少父母会把让孩子在房间里玩的时间与孩子的自由游戏时间混为一谈（稍后我们会讨论自由游戏时间）。在房间里玩耍的时间是专门为孩子设定的玩耍时间，这段时间是由父母而不是由孩子自己决定的。有些妈妈对我们说："我的孩子会自己在他的房间里玩。"这当然不错，但当妈妈叫他去房间玩时，他是否愿意呢？答案不一定是肯定的。孩子自己在他的房间里玩，并不意味着你给他安排了"在房间里玩耍的时间"。

孩子在某个时间做他想要做的事是一回事，听从父母的指示又是另一回事。让孩子听从父母的指示是孩子在学习的过程中必须建立的行为标准。

与家人在一起的时间

宝宝清醒的时候，可以与你或者其他家人一起做一些事情。父母都很享受与一两岁孩子相处的美好时光，但是，跟孩子一起玩时应当注意，不要让和父母玩耍成为孩子唯一的娱乐方式。

一家人在一起玩的时间到底应该多久，没有一个所谓"正确"的标准。

但是，如果你发现孩子一直黏着你，拒绝去和爸爸或其他的兄弟姐妹玩，或是当你离开房间，孩子便放声大哭时，就有可能是孩子和妈妈玩的时间太多了。孩子过于依赖妈妈，只要妈妈陪着玩，而且只能从妈妈那里才能得到安慰，会隔绝其他人参与他的生活的机会。以下是一些全家人可以一起参与的安全的活动。

（1）阅读。读故事给孩子听，或是给孩子看色彩丰富的绘本，永远不会嫌太早。尤其是硬壳书或者布书，可以放心让孩子自己探索。很多孩子在了解字词的含义之前，便喜欢父母讲故事给他们听。父母不断发出的声音、声调的高低起伏以及脸部的表情很能吸引孩子的注意力。当你讲绘本故事给孩子听时，你可以让孩子坐在你的腿上，这有助于增强孩子与你的互动。

（2）洗澡。这是你和孩子一起互动的另一个机会。你可以唱歌给孩子听，告诉他你正在帮他洗身体的哪个部位，也可以和孩子一起玩玩水。请记住，适当是训练孩子的关键。是你帮宝宝洗澡，而不是你与他一起洗澡。可以给宝宝准备一些洗澡玩具，例如塑料小玩具、杯子、勺子，这些东西可以让洗澡更好玩。

（3）散步。推宝宝出去散步对你和宝宝而言都是一项非常好的活动。宝宝约 6 个月时便开始对大自然着迷。每天在固定的时间带孩子散步，对孩子来说不亚于探险，对你来说，也有益于身体健康。

（4）身体接触。与父母身体上的接触，会对宝宝情感的发展带来正面影响。身体接触可以制造亲密感，让孩子感受到父母的爱。游戏是孩子成长过程中的重要组成部分，你可以躺在沙发上、床上亲吻宝宝，挠个痒痒，和宝宝一起做些有身体接触的游戏，这对于建立健康的亲子关系是非常必要的。

自由游戏时间

所谓“自由游戏”，并非是允许宝宝在整个屋子里绕来绕去找乐子。

“自由游戏时间”是父母让宝宝在“游戏区”里自由地玩他喜欢的玩具的时间。“游戏区”是一小块安全的地方，你可以在那里放一箱宝宝的玩具，宝宝可以自己去拿喜欢的玩具玩。父母可以把游戏区设在客厅、厨房、房间或是任何方便自己看到孩子的地方。你可以把孩子的大部分玩具都放在游戏区里，但这并不意味着如果你把游戏区设在客厅，孩子的房间里便一个玩具都不放，而是说玩具不是摆在房子的任何角落，让孩子随意拿取。

游戏对孩子来说很重要。游戏时不断重复的动作和活动为宝宝提供了学习特殊的游戏技能的机会，也给孩子提供了机会去解决有关玩具的机械问题，等等。例如，孩子发现玩具抽屉开着，于是跑去关抽屉，把抽屉关上以后，他又会想办法再次把抽屉打开。在这种情况下“尝试错误”在孩子的学习过程中发挥了重要作用。通过用手指头进行各种尝试，孩子最终掌握了开抽屉的技巧。如果孩子一两岁时你给了他足够的机会去探索，当孩子长到三四岁时，他便可以运用这些技巧去解决其他问题。

另外一个需要父母引导孩子学习的技能是收拾东西。自由游戏时间结束后，你可以请孩子和你一起收玩具，而不要帮他收拾。告诉孩子：“游戏时间结束了，让我们一起收玩具，妈妈会帮助你。”或者说：“让我们一起把玩具宝宝送回家。”即便孩子无法独自收拾完所有玩具，也应当让他参与收拾的过程。通过引导孩子收拾玩具，让孩子知道游戏时间结束了。直到收拾完玩具，游戏时间才可算作结束。这一过程可以帮助孩子形成保持环境整洁、让生活有秩序的观念，也有助于增强孩子的责任感。不论在哪个社会里，责任感都是人们生存所必需的。

孩子 1 ～ 3 岁时，玩具要尽量简单，可以让孩子玩积木、球，玩可以锻炼孩子手部精细动作的玩具，看色彩鲜艳的书。游戏很重要，自由游戏时间与父母安排的游戏床上的玩耍时间以及房间里玩耍的时间同等重要。享受和孩子在一起的时光，也让孩子享受通过游戏探索世界的乐趣。

结语

孩子对周围环境、他人以及自己的了解，深深地影响着他的行为。孩子在清醒的时间学习、成长。但是，清醒的时间必须有组织、有计划，不要让孩子清醒的时间变成介于用餐及小睡之间的一段乱糟糟的、随意玩耍的时间。如果父母能够引导孩子，帮助他建立正确的行为模式，就会对孩子的学习产生积极、正面的影响。

1. 建立正确的行为模式最终会对孩子带来哪些影响？

2. 何谓“剥夺孩子学习的机会”？它是怎样发生的？

3. “学习的机会主要来自有计划的安排，而非偶然。”这句话是什么意思？

4. 在房间里玩耍的时间和自由游戏时间有何不同？

5. 什么是游戏区？

6. 为什么说游戏对孩子很重要？

6 如何训练孩子

道德和行为规范的学习是通过练习来完成的。练习是训练和学习的过程，这个过程可以培养自制力，让孩子建立道德标准和行为规范。训练是一个正面的、积极的词，而不是一种处罚。

孩子并不是生下来就有自制力，几岁的孩子也没有足够的生活经历来对自己进行道德和行为规范的训练。父母应当扮演教师的角色，而孩子是学生，他从父母那里学会如何生活。父母是孩子的良知，必须对孩子的行为施加影响，直到孩子完全成熟。

本章所讲的“训练孩子”，其重点在“道德行为训练”上。道德行为训练能帮助孩子学会自我控制，而自我控制是指孩子能够控制自己的语言表达和行为，能够处理负面情绪，做出正确的判断。道德行为训练可以引导孩子迈向正直的生活，帮助孩子避免冒犯别人，鼓励孩子善良地对待他人。更重要的是，积极有效的道德行为训练可以让孩子知道为什么这样做是对的，那样做是错的，通过训练获得的自制力能帮助孩子不断做出正确的决定，因此，他会充满自信，会通过做出正确判断而获得满足。我们训练孩子的目的就是帮助他运用智慧面对生活。

早期训练奠定根基

在孩子很小的时候父母便要为他的道德行为奠定根基，而基石便是训练。让宝宝作息规律，能一觉睡到天亮是基本的训练。同样，当孩子日渐成长，你也必须在道德和行为上引导他、鼓励他、纠正他。

因为道德行为训练的基本功能是教导孩子负责任，所以父母应该注重孩子的内在成长，培养孩子的责任感和自制力，是它们让孩子的行为发自内心。我们要通过让孩子知道我们的要求是什么、我们的期待是什么来教育孩子，通过鼓励孩子的正确行为、阻止其错误行为来引导他们。采取上述两种方式将有助于孩子的内在成长，增强他的自制力。

许多父母认为，训练孩子就要每时每刻控制孩子的行为。虽然这样说没错，然而训练并不只是这样。早期训练的主要目标是奠定根基，让孩子下一个阶段的成长可以建立在这个根基之上。要让孩子通过具体经验来学习，而不是给他讲抽象的道理。家长要通过鼓励孩子听从父母的教导，纠正孩子不服从父母管教的行为来训练孩子。起初，你主要是鼓励孩子坚持正确行为，纠正错误行为，但是最终你必须着重于孩子的内心，因为内心是所有行为的根源。

从孩子的内心训练起

有些理论家认为，教养孩子便是让孩子顺着天性发展，让孩子追随与生俱来的冲动，而不是直接引导孩子让他知道对错。这种观念在本质上是被动的、消极的。他们认为父母应当采用间接的方式，通过控制孩子所处的环境让孩子拥有健康的心理。例如，把客厅的东西全部放在孩子拿不到的地方，这样就不必告诉孩子这个不能摸，那个不能碰，就完全不需要限制孩子了。这些理论家得出一个结论：为了让孩子满足父母的道德要求，达到父母的行为标准，孩子往往会与父母产生对立，而对立对孩子的心理健康不利。事实上，对立是必然的，也是必要的，因为当孩子的行为不符合社会规范的要求时，父母会去纠正他，在纠正的过程中孩子便会思考，而思考可以激发孩子的成长；相反，如果孩子和父母完全没有对立，没有冲突，孩子便无法通过父母的纠正从另一个角度看问题，思考与他相反的想法。纵容式的教养方式抹杀了孩子的人性，因为这种方式抛开了父母的引导和管理，避免了冲突，孩子不知何为对、何为错，失去了学习对错的机会，将来无法独立自主，让自己的行为符合社会道德规范，孩子也无法进行深入的思考，而只能机械地任由自己被冲动和欲望控制。

本书并不认同上述理论家的观点，因为这一观点是极端的，它纵容孩子、操纵环境，而且其要求通常不太切合实际。我们所建议的对孩子进行的健全的道德行为训练与之迥然不同。我们考虑的主要是孩子的内心以及其行为的动机，而不是操纵、控制外在环境。父母需要注重的是孩子的内心。这是什么意思呢？谚语 “愚顽捆绑孩子的内心”描述得非常正确，这句话的意思是说孩子天生有不服从父母的倾向，并且愚昧而顽固地想要自己引导自己。父母的职责便是改变孩子的内心，使孩子成为他应该成为的样子。你所做的每一件事都应朝向一个目标——去除孩子天性中的愚顽，用智慧来取而代之。

幼稚与愚顽

在训练孩子的过程中，尤其是在孩子两三岁的阶段，你需要分辨幼稚与愚顽。愚顽是有意识的违抗，例如你说“不可以摸”，但是孩子还是去摸那不可以摸的东西，这便是愚顽。相反，幼稚与单纯的不成熟有关，孩子所犯的幼稚的错误都是无心的。

父母一定要清楚，当孩子不听话时，他并不是幼稚，而是愚顽；当孩子犯了无心的过错时，他不是愚顽，而只是幼稚。上述两种情形都需要纠正，然而因孩子内心的动机不同，所以采取的方法也应不同。孩子内心的动机，一种是恶意的违抗，另一种则不然。了解这些差异对于以后教养孩子有很大的帮助。

孩子的愚顽行为是需要纠正的，但父母不应该用千篇一律的方法来纠正孩子的不同愚顽行为。当你纠正 3 岁以下的孩子时，必须考虑以下四个因素：

（1）孩子违抗父母的次数。

（2）当时的情况。

（3）孩子的年龄。

（4）孩子整体上的行为。

在你对孩子的行为做出公正的判断之前，必须充分考虑以上四个因素。这样有助于避免激怒孩子，同时也能给予孩子适当的矫正。

训练的本质

健全的训练是通过教导孩子道德行为规范，让他加强内心的管理，为了达成目标，对孩子进行管理和控制十分必要。缺乏道德行为规范引导的控制是专制型的教养方式,而缺乏足够的控制的引导是纵容式的教养方式。两者皆不可取。

有些时候，孩子会拒绝或是强烈地反抗你提出的合理要求，你该怎么办？这时你要坚决地教导孩子什么是顺从——立刻完全按照父母的要求来办，不挑战父母的权威。这并不像你所想象的那么难。与对孩子相比，要求孩子服从管教对父母更难。对孩子来说，他只需按父母的要求来做就行，而父母则需要不妥协、不放弃、不纵容。

教养孩子时父母要态度坚定，不要在孩子违抗父母的指示时置之不理，因为这样做便等于奖励孩子违抗父母的行为。当孩子犯错时，你要运用智慧来判断是耐心地引导孩子，还是严厉地警告他。但是你不应该把孩子故意违抗父母当作一件芝麻小事。听不听从父母的教导是由道德行为规范决定的，而不是由个人喜好决定的。

我们并不是说要通过威吓、贿赂或让孩子害怕失去父母的爱来操纵他，让他顺从。更不是说要让大人彻底说服孩子，我们无法仅仅通过逻辑和辩论来管理孩子。年幼的孩子无法拥有和你一样的道德感和规则意识。和 1 岁的孩子讲道理，希望他明白你的逻辑，无异于与空气说理。正确的方法是运用你作为父母的权威去引导、指示以及带领孩子，而不要用诡计和别的技巧。你是父母，你知道对孩子来说怎样最好。为了孩子，你必须坚持让他服从你的正当要求。

教导孩子的原则

孩子所有的训练都始于父母的教导。父母在孩子的生命中扮演着老师的角色。有些基本的原则可以在孩子的整个成长过程中引导你教养孩子取得成功。遵照这些基本原则能减轻你的压力，让孩子更愿意服从；相反，则可能导致孩子与你对抗，等他两三岁时会变得更加不服从管教。

原则一：当你对孩子说话时，应要求孩子回答或是有所行动。孩子是可以达到父母的要求的。有太多父母对孩子的要求太少，而要求少得到的就少。我们发现，要求孩子第一次听到父母的指示时就立刻服从，孩子比较容易做到，父母则没那么容易坚持。

原则二：除非你确定要让孩子服从你的要求，否则就不要提出。当你给孩子指示时，你一定要把意思表达清楚，而且要让他知道你一定会要求他做到。这个原则很简单，但往往很多父母都做不到。教孩子不听父母的话的最佳方法便是给孩子提要求，但是却不要求孩子服从。如果你的话语背后没有要孩子服从的决心，孩子很快便会养成不理会父母要求的习惯。孩子是有投机心理的，如果你没有给他很明确的指示或要求，便是鼓励他投机地想，即便自己不听话，你也根本不会采取任何行动。

原则三：正确有效的训练总是前后一致而且彻底的。当孩子不服从时，你要前后一致，要彻底地纠正他。如果你坚持要求，孩子会更容易适应。父母的要求前后一致能够给孩子安全感，进而带给他自由，因为孩子知道你的要求是什么，也知道什么是可以做的，什么是不可以做的。

相反，前后不一致会让孩子缺乏安全感，使得孩子对你限制他做的事总是存有疑问，不确定你是否真的这样要求他，因此会阻碍他的学习及潜能的发挥。前后一致的训练会让孩子明白，在这个世界上是有明确的道德规范和行为秩序的，某些行为会带来令人失望的结果和处罚，而另外一些行为则会带来奖赏和鼓励。

所以，训练孩子务必前后一致。前后一致能让孩子在发展的每个阶段都不偏离方向；而前后不一致会带给孩子太多他无法掌握的变量，使得你给孩子的自由超出漏斗的范围（参见本书第 2 章）。当父母消除或是减少孩子所处的环境中与其年龄不吻合的因素时，孩子就能更快速、稳固地建立起正确的学习模式。过多的自由会给孩子带来困惑，而秩序则能促使孩子健康成长。

要鼓励孩子在孩童时期就按正确的道德行为规范行事，对孩子的训练必须前后一致，父母一定要给孩子明确的引导，否则他会无所适从。

原则四：当你面对面地管教孩子向他提出要求时，必须有目光的接触。你对孩子说话，一定要让孩子看着你的眼睛。目光接触是一种专注的技巧，它可以有效地帮助孩子服从你的管教。如果教导孩子时，你允许他左顾右盼而不是看着你，孩子往往会犹豫是否要听你的话。

原则五：了解事情的始末可以避免犯教条性错误。如果你没有充分了解当时的情况，就可能会把孩子对的行为判断为错的，也有可能完全忽略孩子的错误行为。

强化孩子的印象

当孩子的活动能力变强，会爬、会走时，他很自然就会开始探索对他来说越来越广阔的世界。父母既不应该彻底阻止孩子探索，也不应该给予孩子绝对的自由。有一个方法可以让你在两个极端中取得平衡：你可以根据孩子需要承担多少责任来决定给予孩子多少自由。

例如，当孩子还没有办法好好控制自己的手而到处乱摸时，就不能让他在客厅里玩。当孩子已经明白什么东西他可以摸，什么东西他不可以摸，并且能控制自己不去碰那些禁止他碰的东西时，父母便可以让孩子在客厅里玩了。

惠特妮 8 个月大，她的父母不允许她去碰壁炉旁的植物，她两次试着去摸那棵植物，两次都被打了手心。因此，惠特妮知道，客厅里大部分的东西是可以摸的，但是不能摸那棵植物。她明白了这一点，而且学会了控制自己。训练孩子，将来你就能给予他更多自由，而孩子获得的自由对他的价值远超过那棵他记忆中不能摸的植物。不要担心禁止孩子做某些事情，或是适当地捏手、打手，会对孩子造成不良影响。捏或者打孩子的手，并不是教孩子暴力，教他去打别的孩子；相反，你是在教孩子哪些事情能做，哪些事情不能做。

许多人会疑惑，两岁以下的孩子到底懂得多少，他们一件事究竟可以记多久。一个经过训练的两岁以下的孩子能够理解并且记住的东西，其实相当令人惊讶。举例来说，有一天，祖父盖瑞坐在椅子上给孙女艾希莉看他手上的一块饼干，然后把饼干藏在椅垫下面，让艾希莉去把它找出来。艾希莉立刻到椅垫下把饼干翻了出来。两个星期之后，艾希莉又去了祖父家，她一进屋子便赶快到那个椅垫下面去找饼干，结果她很失望，椅垫下面什么也没有。虽然艾希莉没有找到饼干，但是通过这件事，我们知道她的记忆力很好。记忆力可以通过快乐的经验增强，但是父母也应当记住，记忆力也能通过不愉快的经验增强。

当父母给孩子设立限制时，也可以使用制造不愉快的体验的方式来强化孩子的印象。

指示性的教导和限制性的教导

随着孩子的成长，他对父母的教导的理解力也随之增强。孩子不只能够理解父母的教导，还能学会如何对其做出恰当的反应。

父母的教导可分为两类：一是指示，即告诉孩子做什么；另一类是限制，即告诉孩子什么不能做。这两类教导，孩子都必须立刻服从，这一点他是可以做到的，因为他已经能够理解你的要求。请不要忽视孩子的这种能力，在孩子很小的时候他便已经具有这个能力了。

指示性的教导

指示性的教导需要孩子付诸行动，而行动可以训练孩子。当孩子开始可以爬时，父母就可以叫他的名字，让他做出回应。例如，当宝宝麦琪刚开始学会爬时，妈妈呼唤她的名字，示意她爬到妈妈这里来。然后妈妈走到她身边，把她抱到开始要她爬过去的地方，接着鼓励她说："你真棒，麦琪。你会听妈妈的话了。"这样做能够帮助孩子慢慢熟悉你对她提要求时的语调，还能让孩子因做出了正确的行动而听到你的赞美。

当孩子的活动能力变强，而且你感觉他已经了解了"过来"的概念时，你就可以要求他服从你发出的"过来"的指令。你可以鼓励他说："你真乖，雷恩。你会听妈妈的话了。"你也可以用前面提到的四个原则来纠正他的行为，让孩子服从你的指示。

限制性的教导

采用本书的原则教养的 9 个月大的宝宝，已经可以理解父母对他提出的基本的限制性要求。简单的命令如“停止”“不行”“不能摸”或是“不能动”，通常是父母在教养孩子时最早对他发出的限制性指令。为了让这些指令有明确的意义，“停止”真正的意思必须是“停止”，“不行”真正的意思必须是“不行”，“不能摸”真正的意思必须是“不能摸”，“不能动”真正的意思必须是“不能动”。虽然这四种指令内容不同，但有一个相同点——孩子必须在父母第一次发出指令时便听从。父母越早向孩子灌输父母第一次提要求就必须服从的观念，孩子的行为问题就越少，而且孩子可以享受到更多的自由。服从父母的要求很重要，为了孩子着想，你应该在孩子很小的时候就让他养成这个习惯。

有些时候，你的孩子会不理会你的话或是强烈地反抗你的教导，若是发生这种情况，你该怎么办？在第4章中我们介绍了纠正孩子行为的四个方法，包括口头的批评、让孩子单独待着、让孩子失去某项权力或某个玩具，以及捏手或者打手。孩子的运动神经发育更加完善后，如果你希望能控制孩子冲动的行为，就必须主动使用这四个方法。只有父母表现出决心时，孩子才会有正确的行动。你的决心是什么呢？

1. 对孩子进行道德行为训练有哪些好处？

2. 幼稚和愚顽有什么区别？

3. 为什么说通过改变孩子所处的环境来教导他是不可取的？

4. 教导孩子的基本原则有哪四条？

5. 教导孩子的方式可分为哪两类？请分别加以解释。

7 设立界限

设立界限，即基于健康、安全和道德行为规范的考虑，限制孩子的行动、选择及言语上的自由。设立界限之后，孩子就不能随便去做他想做的事，接近他想接近的人或物，比如不能碰录音机的开关、爸爸鼻子上的眼镜，或是妈妈口袋里的笔，不能去追狗。

给孩子设立界限的目的并不是减少孩子探索的自由，而是根据孩子的理解力给予孩子他能够妥善使用的自由。如果孩子拥有的自由或者权力超过他的管理能力，他便会惹麻烦。孩子成长中的许多矛盾都是因此而产生的。如果孩子不能服从管教，他便不能享受自由。

有些父母害怕对宝宝说“不”，比如“不可以摸”。“不”并不是一个可怕的字眼，没有必要付出所有代价避免对孩子说“不”。对1～3岁的孩子来说，“不”是必须设立的界限，“不行”这个词的意思和“可以”完全相反。家里大部分的东西，孩子都可以碰，但仍然有些东西是目前孩子的小手不可以碰的。

对于已经会爬或是会走路的一两岁孩子而言，尽管有时必须控制他所处的环境，但设立界限的主要意义并不在此，而是在于教孩子如何对父母的指示做出响应。这样做的目的是训练孩子听懂你的声音，包括你的声调和语气，根据你的声音来行事，而不是根据别的什么来行动。父母的声音和语调都是纠正孩子的关键因素。

当孩子用小手去摸他不应该摸的东西时，你要用坚定的口吻说：“不行。”请记住，不论你怎么说，你必须前后一致。如果孩子还是要摸，就捏他一下，或打他一下（只能打手），同时告诉孩子：“不能摸，你必须听妈妈的话。”如果他还是不听，你可以采用以下方法：再打他的手一下，打时必须让孩子觉得痛。在合理的范围内让孩子觉得不舒服是必要的。如果打了他的手，他还对你笑，说明打得不够用力。

如果你已经让孩子觉得不舒服了，而他仍然不听话，去摸不能摸的东西，你就可以把他放到婴儿床上单独待着，床上不要放玩具。让孩子单独待着的时间视孩子的年龄、当时的情况以及犯错的性质来定。也可以只让孩子单独待上5分钟，若是5分钟足以让孩子听你的话。

孩子是否会将婴儿床和受处罚联系起来？这样做是否会影响他的睡眠？答案是否定的。一两岁的孩子可以分辨出被要求单独待着和睡觉是不同的。被孤立和睡觉给他的感觉完全不一样。当他因犯错而被要求单独待着时，父母不会像睡前那样拥抱他、亲吻他。是父母的行为而不是婴儿床让他了解到底是怎么一回事。

第三个办法是让孩子离开让他犯错的那个环境（不是将让他犯错的东西拿走）。你可以把孩子带到游戏区，对他说："在这里玩，这些是你的玩具。"

争夺权力

10个月大的孩子能和父母争夺权力？没错。很多孩子每天都会和父母争权夺利。当父母无法善用自己的权威时，孩子便会与父母争夺权力。当孩子还小的时候，若在教育孩子时与孩子产生冲突，父母不能轻易让步，必须做出明智的判断，哪些方面或哪些冲突才能让步。

这里用一个例子来说明小小的冲突是如何变成权力之争的。雷恩的妈妈不让雷恩用小手碰暖气片，雷恩第一次去摸暖气片时，妈妈口头纠正他，并且打了一下他的手心，尽管这时暖气没开。当妈妈没有注意时，雷恩又去摸暖气片，妈妈再次告诉他"不可以"，而且又打了他的手心一下。然后，他又去摸了第三次、第四次。雷恩就这样反反复复地摸了好多次暖气片。这时，雷恩的妈妈被拖入了权力之争，如果她放弃了，雷恩就会知道，坚持到最后他就可以不听话了，妈妈的要求是不一定要服从的。

一两岁的孩子经常会这样做。有一个方法可以帮助你应对这种局面，让你维护父母的权威。举上面的例子来说，妈妈在第二次打雷恩的手之后，便应该把他放到婴儿床上单独待着，或是把他带到另一个房间里。不管用哪个方法，她都可以聪明地运用父母的权威，避免陷入权力之争。这样，她在达到目的的同时，并没有对孩子妥协，也没有通过改变环境来教育孩子。

保护孩子的自尊心

父母在让10个月的孩子服从管教时，要注意保护孩子的自尊心。如果不给孩子一点空间，强迫孩子服从父母的意志，他就会经常违抗父母。也就是说，如果父母在让孩子服从管教时没有维护孩子的自尊心，孩子就会继续犯错。让我们再来看看雷恩和暖气片这个例子。

当雷恩的妈妈与雷恩剑拔弩张的时候，她的在场使雷恩很难服从。如果妈妈在第二次打他的手并且告诉他不能碰暖气片后便离开那里，雷恩就有可能不再去碰暖气片了。妈妈离开现场，她给了雷恩一些空间，让他有尊严地听从妈妈的要求，而不会一再挑战妈妈的权威。如果妈妈在回到雷恩身边以后，雷恩继续犯下同样的错误，那么最好的选择就是让他离开，这才是用智慧教育孩子，而不是用权力教育孩子。让我们在纠正孩子的不良行为的时候保护好孩子的自尊心吧！

隔离

在家中主要的空间内限制宝宝活动的自由我们将其称为“隔

离”。这个词有合理、不合理两重意义。合理的“隔离”是指为了学爬或者学走路的孩子的安全，注意家中的摆设。家里的书架放得稳不稳，有没有可能倾倒？如果不稳，要让它稳稳地靠着墙，最好固定起来。家里有没有插着很多插线板？如果有，最好取下。父母要解决好这些潜在的危险，让宝宝有个安全的环境。

不合理的“隔离”是指重新摆设整个家，好让孩子的行动不受限制。事实上，只要把危险物品以及非常重要的东西摆放好就行，并不需要重新布置整个家。训练孩子哪些东西不可以碰、不可以摸是十分必要的。当孩子开始去碰、去摸那些东西时，就应该让他承担一定的后果。

一般而言，如果父母完全不给孩子提任何要求，孩子便会利用父母的不确定感坚持自己，而其行为往往来自冲动，而不是以道德行为规范为依据。当他们的行为到最后变得令人无法忍受时，父母才去镇压他，而那时孩子已经无视父母的权威，因为他们觉得父母很“柔弱”，而且要求前后不一致。孩子因缺乏限制产生的问题往往比另一个极端——限制太多造成的问题更严重。

采用本书的原则养育宝宝，让宝宝的生活十分规律的父母往往发现，他们的孩子在一两岁这个阶段，比那些生活缺少规律的宝宝更容易听从父母的教导。

孩子若在生命的早期便养成要立刻得到满足的习惯，日后就无法良好地应对因界限而产生的冲突，他们的父母往往也是如此。

结语

健全的训练是由基本原则、行动、鼓励和纠正构成的。对一两岁的孩子来说，鼓励包括肯定、赞美和奖赏，纠正包括口头批评、承担后果、

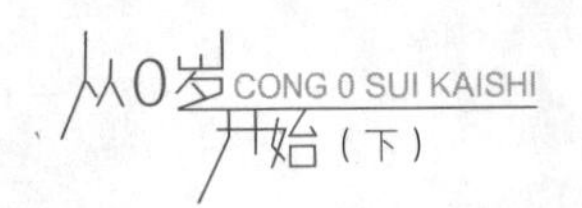

单独待着、设立界限、失去权力以及适当的身体上的惩罚（比如打手、捏手）。父母的每一个行为都必须有意义、有目的，在整个学习、训练的过程中有其合理性。

成长园地

1. 为孩子设立界限的主要目的是什么？

2. 孩子是否会将婴儿床和受处罚联系起来？这样做是否会影响他的睡眠？

3. 如何避免陷入和孩子的权力之争？

4. 为什么说在纠正孩子的行为时保护他的自尊心很重要？

5. 什么是合理的隔离，不合理的隔离？

8 睡眠

正如本书中曾经提到过的，如果孩子能够做什么，那都是他与生俱来的能力。你的孩子早已经证明他有一觉睡到天亮的能力了。一觉睡到天亮是一种必要的技能，它来自父母的正确训练。本章的重点为与1~3岁孩子睡眠有关的常见问题。

小睡和夜晚的睡眠

由于个体差异，每个宝宝的睡眠模式都不同，它不像喂食的模式那么固定。请记住，稳定的睡眠模式建立在稳定的饥饿周期之上。如果宝宝吃饭的时间很不稳定，宝宝睡眠的模式也会随之不稳定。如果宝宝夜晚的睡眠受到干扰，他白天的行为也会受到很大影响。

睡眠对婴儿而言非常重要，对3岁以下的孩子来说，不仅是晚上的睡眠，白天的小睡也非常重要。一两岁的孩子花在睡眠上的时间没有显著的不同。然而到了两三岁时，情况可能发生变化，但是仍然要继续让孩子坚持健康的睡眠模式。

小睡

是否小睡不应由宝宝自己选择，不是他想睡才睡。小睡的时间到了，宝宝就应该睡，就是这么简单！为了让宝宝健康成长，白天他需要小睡。三四岁的孩子是否能好好地午睡，很大程度上受到他 1 岁时睡眠习惯的影响。不要低估了小睡对宝宝的重要性。即便是宝宝的日常作息改变了，他看起来比较清醒，小睡对他而言也仍然很重要。

运用本书的相关原则养育的宝宝，在 6 个月时平均一天会小睡两次，每次 1.5 ～ 2 个小时，傍晚还有一次比较短的小睡。大约 8 个月时，他就只需要上午和下午各小睡一次了。这样的睡眠模式会一直持续到宝宝 18 ～ 20 个月时。超过 20 个月，宝宝就不再睡上午那一觉，只需午睡就够了。

快乐地起床

父母的睡眠理念对宝宝起床时的表现有极大的影响。如果你遵循以下三个基本原则，宝宝醒来时便会是快乐而满足的：

原则 1：由妈妈而不是宝宝决定他什么时候睡觉。

原则 2：由妈妈而不是宝宝决定他什么时候起床。

原则 3：如果宝宝醒来时在哭，通常是他还没有睡够，也有可能是他的尿布湿了，外面的声音太吵，他生病了，或者是他的手脚卡在了婴儿床的栏杆缝里。

你可以让宝宝继续躺在床上，虽然他可能会哭闹，但也有可能在 10 分钟内睡着，继续睡 30 ～ 40 分钟。

如果宝宝睡够了，他醒来的时候会很愉快，发出一些快乐的声音，告诉你让他起床的时间到了。在这里仍要提醒爸爸妈妈们，平衡很重要。有时，孩子从小睡中醒来可能需要爸爸或妈妈抱 5 分钟，在你带孩子的过程中，这 5 分钟可能是最宝贵的 5 分钟之一。

夜晚的睡眠

大约 6 个月时，宝宝夜晚睡眠的模式就已经稳定下来，他平均一夜要睡 10 ～ 12 个小时。这一模式在宝宝 18 个月大后，或宝宝生病以及长牙时会有所变化。

常见睡眠问题

这里所说的“常见睡眠问题”，针对的是运用本书中的原则养育的宝宝，而不是所有的宝宝。采用需求式喂养方式喂养的宝宝常见的问题，是采用本书原则、拥有规律的生活的宝宝不会遇见的。与你所发现的一样，运用本书原则养育的宝宝，其睡眠问题大多是天生的，与养育方式关系不大。

安抚物品和安抚方式

睡眠是一个自然的生理现象。宝宝需要睡觉的征兆便是犯困。安抚宝宝，帮助他入睡的一些物品或者方式，会影响宝宝的正常睡眠。有些东西，比如安抚毛毯、毛绒玩具，通常是无害的；但是其他一些安抚物品和安抚方式，例如让宝宝抱着奶瓶睡觉、吸安抚奶嘴、吸手指头，都可能变成一种不良习惯，影响宝宝的睡眠。总的来说，这些安抚物品或者安抚方式最大的问题并不是无法让宝宝入睡，而是以后若没有这些东西，宝宝会很难睡着。

奶瓶

对稍大一些的宝宝而言，常见的安抚他入睡的东西便是奶瓶。不少孩子晚上睡觉时需要抱着奶瓶，否则便睡不着。如果你不让宝宝把抱着奶瓶睡觉变成一种习惯，你就能避免这个问题。这并不是说宝宝不能抱着奶瓶上床，有些时候妈妈比较忙，宝宝抱着奶瓶在婴儿床上喝奶也有其方便之处，只要不养成习惯他就不会戒不掉。

安抚毛毯

为了不让孩子过于依赖安抚毛毯，你可以把安抚毛毯放在孩子的床上给他睡觉时用。如果偶尔要开车带孩子出远门，也可以带上毛毯，但是不要让孩子不管到哪里都带着他的毛毯。虽然安抚毛毯可以给孩子熟悉的感觉，但是真正的安全感来自人际关系，而非物品。

安抚奶嘴

吸奶嘴对新生儿来说有一些好处，但是等宝宝长到 6 个月左右，任何目的不是摄入营养的吸吮行为都应该尽量戒除。你的宝宝是否需要靠安抚奶嘴才能入睡呢？如果是，那么现在是改掉这个习惯的时候了。

经验和常识告诉我们，让孩子在 6 个月时戒掉吃奶嘴的习惯，比等孩子 12 个月或是 18 个月时来得容易。孩子 6 个月大时，父母只需要把奶嘴拿走就行。宝宝可能会稍微哭一下，你可以事先告诉他，鼓励他不吃奶嘴。几天之后，你再告诉他：“你长大了，不能再吃奶嘴了。”还有一个办法：你可以把奶嘴刺破一个洞，让空气能跑出去。奶嘴中空气不流通是宝宝喜欢吸奶嘴的原因，一旦空气跑进去了，那种快乐的感觉就没有了，宝宝就会自己戒掉吸安抚奶嘴的习惯。

吸吮手指头

吸吮手指头比吸奶嘴更难控制，你可以把奶嘴拿走，但却没办法拿走孩子的手指头。与成年人一样，你不可能一夜之间改掉孩子吸手指头的习惯。这是个渐进的过程，父母需要不间断地努力。如果你能改掉孩子白天吸吮手指头的习惯，就能改掉他夜晚吸手指头的习惯。

如果你的孩子年龄在 6 到 18 个月之间，你可以限制他，只允许他在睡觉时吸手指头。当你看到其他时间孩子把手放入嘴里，你就轻轻地把它拉出来，并告诉孩子“现在不可以吸”，然后引导他玩别的东西。

长牙和生病

长牙会影响孩子夜晚的睡眠。牙齿开始从牙龈中冒出来的现象，我们称之为长牙。与黄疸一样，长牙只是成长中的一个现象，而不是疾病。6 个月时，大约 1/3 的宝宝会长出一颗牙；9 个月的宝宝平均会长出 3 颗牙。长牙不会影响宝宝吃母乳，因为宝宝是用舌头和上颚而不是牙龈来吮吸的。

长牙可能会让宝宝不舒服，他会吵闹、烦躁，唾液分泌增加，体温也可能略微上升。虽然这些症状可能会让孩子不舒服，但是不要把长牙当作让孩子养成长期的不良习惯，以及搅乱日常作息的借口。

长牙可能影响孩子夜晚的睡眠，这是很明显的。我们该如何安慰宝宝，同时避免让他养成不良的睡眠习惯呢？第一，父母应了解，长牙的过程不一定会影响每一个孩子的睡眠，特别是采用父母引导式喂养方式喂养、生活有规律的宝宝。长牙虽然会有些不舒服，但是不至于破坏孩子早已建立好的睡眠模式。第二，了解长牙只是一种暂时性的自然现象，不会持续很长时间。

如果孩子长牙让他很不舒服，常在半夜醒来，你可以抱着孩子摇摇他，但是不要把他抱去和你一起睡或是喂他吃奶。孩子和你一起睡并不会让他的牙龈不痛，但是，这样做可能造成你所不希望的后果——让宝宝养成需要安抚才能入睡的习惯。当宝宝的乳牙终于长出来时，要让他恢复原来的生活作息。如果孩子继续在半夜醒来，并不是他需要在那时醒来，而只是一种习惯，他必须重新适应没有父母安抚也能再次入睡的情况，通常时间不会太长。

孩子若是生病，你也可以采用同样的方法。尽量让孩子保持正常的作息，遵照医生的指示服药。生病时，孩子胃口不好，不要强迫他吃东西，但要补充足够的水分。

再次提醒父母，当孩子需要安慰时，可以安慰他，但是，不要让他养成日后还得改正的习惯。当孩子生病痊愈之后，他可能需要花3天左右的时间恢复以往的作息规律。

将婴儿床换成普通床

宝宝18～24个月时，就可以从睡婴儿床换成睡普通床了。一个已经接受了“父母第一次提出要求就要服从”的训练的孩子，一般来说转换过程会比较轻松。显然，如果白天父母没有要求孩子第一次听到父母的指示就服从，到了夜晚，父母要孩子睡在新换的床上不能下来的指令孩子也不会听。究竟怎样才能让孩子顺利换床呢？只有依靠你的坚持。你的目标不是把孩子送上新床，而是让孩子整夜都睡在这张床上。

给孩子买新床时，可以带他一起去，这会让转换的过程更加顺利，孩子也会觉得很兴奋。他可以帮爸爸一起摆放他的新床，也可以和妈妈一起选购他的新床单。你可以周末为孩子换床，因为周末大部分的爸爸会在家，对孩子第一次换床，爸爸可以起到很大的作用。

一开始，没有你的允许，不要让孩子随意自己下床。孩子午睡醒来或是早晨睡醒时，你可以教孩子说“我想起床”“请让我起床”，或是“妈妈，我可以起床吗？”让孩子在起床以前先问你。

当你让孩子从婴儿床换到大床上睡时，可以安一个床边护栏。孩子睡觉时翻来翻去，满床滚，床边的护栏可以让孩子安全，父母安心。

我们对许多阅读过本书的父母展开调查，发现以下是他们最常问到的有关一两岁孩子睡眠的问题。

（1）我们家6个月的宝宝早就能一觉睡到天亮。但是，现在他半夜经常哭。他到底怎么了？我们应该如何处理？

宝宝5～8个月的时候，这种情况相当常见。以下是宝宝半夜醒来的4个典型原因。第一个原因是饥饿。孩子半夜醒来可能是他需要补充辅食的征兆。第二个原因可能是他白天不再需要三次小睡了，也就是说傍晚那一次小睡可以不用再睡，或是不用睡那么久。在这个月龄，白天睡三次确实太多。第三个原因是长牙。这个原因很容易辨别，因为宝宝白天易哭闹、烦躁。第四个原因是宝宝白天的作息变化太大。最近你们的作息是否有什么重大调整？这周你们是否特别忙碌？是否有亲戚来拜访你，他们觉得整天抱着你的宝宝是他们的责任？你们是否刚旅行回家？再好好想一想宝宝的生活作息是否有变化。

（2）我们家6个月的宝宝晚上睡得很好，但是白天他突然只睡45分钟就起来了。这是正常的吗？我们应该让他起来吗？

采用父母引导式喂养方式喂养的宝宝，到5～8个月时，他们白天睡到一半就醒，并且看起来好像已经睡够了，这并非不常见。如果你的宝宝开始有这种现象，不要让他起床；相反，你要训练他自己再睡着。这个月龄的孩子白天每次小睡必须在45分钟以上。

问题中的现象可能会持续3天至3个星期，起因是宝宝渐渐长大，他对周围环境的改变开始有了新的感觉。在本书上册中，我们讨论过深睡期和浅睡期的交替情况。当宝宝从深睡期中醒来后，会进入浅睡期。由于他对熟悉的声音开始有了新的感觉，关门的声音，送哥哥、姐姐回来的校车的声音，客人的声音，或是其他熟悉的声音，都会吸引他的注意力，让他不想再睡，于是他醒来哭着要找你。

孩子需要学习自己再入睡，不应让好奇心影响他的睡眠，反而应该是让睡眠控制他的好奇心。你可以去看看宝宝是否没事，但是最后你要离开他，让他自己再睡着。

再次睡着之前，孩子总是会哭一会儿，这时孩子哭并不是他需要什么，仅仅是他想哭而已。正如上册中提到的，不要孩子一哭就立刻冲过去，要理性，要考虑到宝宝更长远的利益。不要让宝宝此时的哭声扰乱你的情绪，你要知道，让宝宝持续拥有良好的、安稳的睡眠才是最重要的。

（3）我们的孩子现在站在他的婴儿床上，不知道如何坐下，并且开始哭了起来，我们该怎么办？

站在婴儿床上是宝宝新学会的技巧之一，他还要学习如何坐下来。你可以在宝宝睡醒后花几分钟时间教他怎样坐下来，这会帮助他学得更快。你可以握着他的手，慢慢地引导他，让他的手从扶着婴儿床的栏杆滑下来，然后慢慢坐下。这样做几次之后，他便会习惯这种感觉，学习自己坐下来。如果每次宝宝一哭，你就帮他坐下，就会延缓他自己学着坐下的过程。因为你总是抱他坐下，他就不需要自己学会坐下了。所以，为了宝宝好，有时候他哭，你不去理会，反而是最好的。

（4）我们的孩子半夜常常因找不到奶嘴哭，我们该怎么办？

安抚物品是指宝宝借助它入睡的一些东西。在这个例子里，孩子需要奶嘴安抚他入睡。你越是起床帮孩子把奶嘴塞进他的嘴巴，越会强化他的这种错误期待。现在应该是帮助孩子戒掉奶嘴的时候了。

（5）我们的孩子半夜常常踢被子，觉得冷了又会哭，该怎么办？

孩子睡觉时经常翻来翻去，满床滚，因此很难让他一直把被子盖在身上。父母可以选择以下三种办法来避免上述情况：睡觉时让宝宝穿得暖和一点，打开中央空调或者暖气，或是买一个小暖炉。需要注意的是，不要把小暖炉放得离孩子太近。过热比过冷对孩子健康的危害更大。

（6）我和我的丈夫接下来几个星期要带我们一岁多的孩子去旅行。我们该如何维持孩子的正常作息，尤其是当我们从一个时区跨越另一个时区时？

旅行时有两个问题是需要重点考虑的：一，训练孩子在陌生的床上入睡；二，在跨域时区时，调整孩子的日常作息。

开始旅行之前的几个星期，让孩子白天或是晚上睡觉时睡在游戏床里。可以尝试几个晚上把游戏床放在客厅或你们的房间，在游戏床两边都挂上一条大毛巾或是宝宝的包巾，然后带着大毛巾或包巾去旅行。也可以在你们到达目的地时向酒店工作人员借些大毛巾。大毛巾和包巾可以在孩子睡觉时给他提供一个封闭的环境，降低陌生环境对孩子睡眠的干扰。

如果旅行时必须跨越时区，时间的调整是势必要面对的，但是，如果你们会跨过三四个时区，你们可以等到达目的地再调整孩子的作息。调整的方式取决于你们是由东向西跨越时区，还是由西往东跨越时区。若是前者，白天将会拉长，若是后者，夜晚则会提早来临。若是白天拉长，你们可以多喂孩子一餐，让他白天多睡一次（时间稍短）。如果是由西向东跨越时区，你们可以把孩子上床的时间定在西部及东部时间之和除以2这个时间点。例如：西部时间晚上7点是孩子睡觉的时间，相当于东部时间晚上10点。抵达东部的第一个夜晚，你们可以让孩子8点半去睡觉（7+10=17，17÷2=8.5）。接下来几天，再把孩子睡觉的时间慢慢调到晚上7点。白天的作息则按你们的需要来调整。

出外旅行时，我们建议你们尽量限制孩子喝饮料、吃点心。长途旅行时多余的糖会对孩子的胃口产生不良影响，过多的点心则会抑制孩子饥饿的感觉，严重的话会影响孩子的正餐。孩子饥饿的周期会影响他的睡眠和清醒的周期，而这是你们旅途中所不愿意见到的。总之，你的孩子会享受和你们一起旅行，在旅途中你们可能会遇到一些小麻烦，不过问题只是暂时的。

（7）我家7个月的宝宝每次小睡之前仍要哭5～10分钟，这种情况以后会改善吗？

会改善的。对一些宝宝来说，哭闹只是一种消耗精力的方式。如果他小睡睡得好，那么这种哭闹的情形很快就会过去。所以，不要改变你现在的方法，继续有耐心地对待孩子。

结语

当宝宝渐渐长大，从一两岁的阶段渐渐迈入两三岁的阶段时，他的睡眠时间将会慢慢减少，但是他仍然需要有较高的睡眠质量。你可能会碰到与宝宝睡眠相关的问题，但是这些问题在你付出努力之后是可以解决的。采取主动教养孩子的方式，运用常识，可以帮助你面对未来任何有关宝宝睡眠的问题。

《从 0 岁开始》这套书带领你更深入地了解了孩子那令人惊叹的世界。如果你运用本书所提的原则，那么毫无疑问，你对孩子的了解在许多方面都已经比较超前了。认识你在孩子的成长过程中所扮演的角色，会对孩子的健康成长产生积极影响。你做得很好，继续努力！

1. 让孩子快乐起床的原则有哪些？

2. 让宝宝入睡的一些安抚物品和安抚方式会带来哪些问题？

3. 如何让孩子在不该起床时继续躺在床上？

4. 采用父母引导式喂养方式喂养的宝宝，为何会在 5 ~ 8 个月这一阶段半夜醒来？请列举四个原因。

5. 为什么有些宝宝白天小睡时会过早醒来？你该怎么做？

附录一
语言能力的发展

学习外语的人往往会告诉你，学习语言是一件很困难的事，要花好几年的时间才能说得流利。然而，宝宝与生俱来的能力让他可以在三年之内流利地说一种语言，而他并不需要经过特殊的训练，也几乎不需要在意识层面上加以思考。父母是孩子的榜样，在语言方面也不例外。以下是一些帮助发展孩子的语言能力的建议。

（1）父母不需要使用宝宝牙牙学语的说话方式。我们经常会按照我们认为的宝宝可以听懂的方式，把句子简化，跟宝宝说话。例如，我们会说“雷恩，烫烫，不摸。”孩子的理解能力很强，如果你说：“雷恩，水壶很烫，不能摸。”哪怕他才6个月大，他也能通过你说话的语调、脸部的表情和手势明白你的意思。孩子12～14个月时，他就能听懂很多词和句子，明白各种语调，完全听懂你所说的话了。孩子的模仿能力很强，为什么不给孩子机会了解正确的句子结构呢？

（2）告诉孩子你所做的每一件事、你看到的每一样东西。这样做有助于让孩子把词语和概念联系起来。虽然一开始他可能听不懂那些词语，但这却是你与他一同探讨这个世界的机会。当你们去超市时，你可以告诉他你在买什么东西，接下去你要去哪里，以及你在货架上看到了什么。一两岁的孩子当然没法每一句话都听懂，但是这样做可以为他的理解和表达打下扎实的根基。

（3）读，读，读！读故事书给孩子听是让孩子探索词语和概念关系的一个很棒的方法。

（4）当孩子开始学讲话时，帮他把他讲的话补充完整。例如，帮孩子洗澡时，他对你说：“船，走。”你可以告诉他：“是的，船漂走了。”这样，你不仅告诉孩子你听懂了他说的话，还让他了解了句子的正确表达方式。我们可不愿意看到孩子上了幼儿园，还在用小宝宝牙牙学语的方式说话。

（5）除上述几个方面之外，父母要学会放轻松，不要对孩子期待过高。要记住，孩子天生便具备学习语言的能力。

雷恩是我们上文中提到过的宝宝，以下是他在语言发展的各个阶段的基本情况，你家宝宝也可能与雷恩相似。请记住，每个孩子语言能力发展的速度都不同，以下所列的情况仅供参考。

出生到 3 个月：熟悉和友好的声音可以给雷恩带来安慰，他会对妈妈和其他熟悉的人微笑。他饿了，尿布脏了或是累了，哭声都不一样。这时，他已经会发出一些声音。

2 ～ 4 个月：雷恩开始留意对他说话的人，别人若是用生气的语调跟他说话，他会用哭来响应，还会把头转向发出声音的地方。

4 ～ 6 个月：雷恩开始注意到他所处的环境，了解到声调高低和音量大小的不同，他会把各种因素组合在一起发出声音。

6 ～ 9 个月：现在雷恩更注意别人说话的语调了，而且能听懂一些词语，比如“不可以”“再见”，还有他的名字。他开始模仿别人发出的声音、做的动作。

9 ～ 12 个月：雷恩开始能够服从一些简单的指示，比如“不可以摸”“到这里来”，还会用点头、摇头表示要或不要。父母等待许久之后，雷恩终于说出了第一个词，而且开始讲些难以听懂的话。他会发出一连串带着抑扬顿挫的音调，听起来像是在问问题、讲述事情或是提要求。

12 ～ 18 个月：这时候雷恩已经认识了一些东西和一些人，而且能辨认身体的各个部位。他的词汇量越来越大，开始将词语组合成短句子。

12 ～ 24 个月：雷恩已经能正确地说出很多东西的名字，能听懂简短的故事。

如果你的孩子具备上述语言能力比雷恩晚一两个月，也不需要担心。每个孩子成长的速度不同。但如果你的孩子两岁了还完全不会说话，或是接近一岁了对你说的话还毫无反应，就应该去找儿科医生，请他帮你把孩子转介给专家看看。

附录二
教宝宝手语

教宝宝手语就好像教他第二种语言。与教孩子其他技巧一样，时间、耐心和鼓励都是成功的要素。刚开始时先教最基本的几个手语，即以下所列的前四个手语，然后慢慢增加。享受其中的乐趣吧！

请

用绕圆圈的方式摩搓胸前。

还要更多

把五个手指头的指尖合拢，然后将两手的指尖靠在一起。

谢谢

手指头靠拢，把指尖放在嘴唇上，然后手从嘴唇向前抛出，有些类似飞吻的动作。

吃饱了

手指头分开，手掌向着胸前，手向外、向下挥。

好的，是的

手握拳头，手腕上下摆动，好像点头一样。

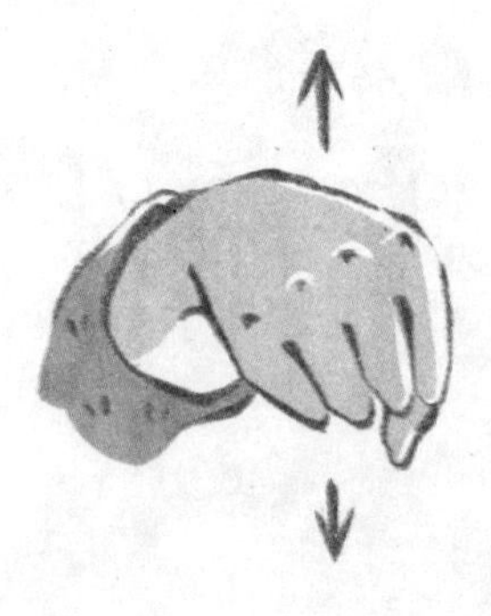

不

把食指和中指并在一起，做与拇指贴紧、打开，贴紧、再打开的动作。

我爱你

伸出拇指、食指和小指，手掌面向所爱的对象。

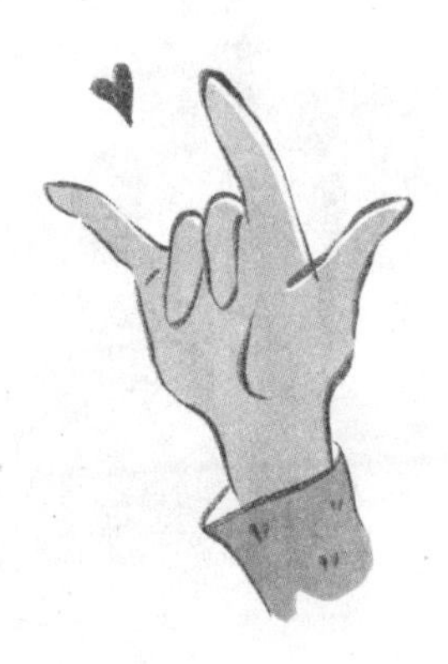

妈妈

手指头分开，大拇指碰触下巴中间。

爸爸

手指头分开，大拇指碰触前额。

吃

五指指尖合拢，让手向前靠近嘴巴数次，好像在吃东西一样。

渴了

让食指贴着喉咙向下滑。

饿了

把手做成“C”的形状，放在喉咙下方，手掌向内，然后手往下滑。

喝

将手做成“C”的形状，放在嘴巴前方，再把手抬高，好像把水倒进嘴一样。

停止

用右手小指头的外侧迅速往下触碰左手的手掌，好像你在将东西切成两半一样。

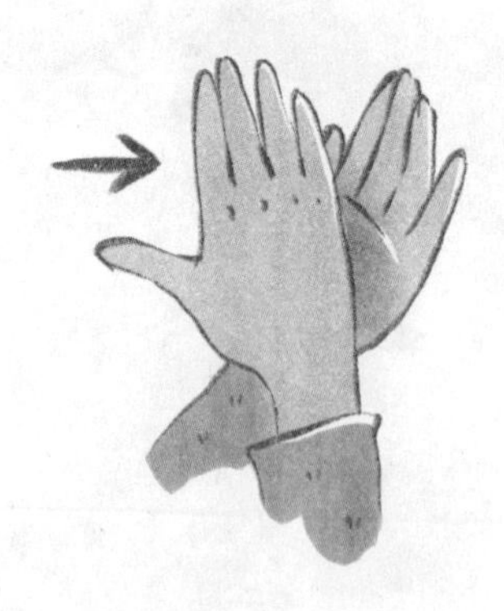

附录三
大小便的训练

在有些地方，父母会在孩子1岁时就开始对他进行大小便的训练；而在另一些地方，父母压根就不训练孩子大小便。行为学派和弗洛伊德学派分别对这两种极端方式给出了阐释。养育孩子其他方面的一些证据显示，孩子没有能力决定什么对他而言是最好的，同时他也缺乏自制力。这便是拥有智慧的父母必须替孩子做决定的原因。以下是一些建议，它们可以帮助你决定何时训练孩子大小便。

每个孩子可以开始训练大小便的年龄不同，但是有些“线索”能让父母有迹可循，知道何时可以开始。

（1）孩子在18～24个月时，你可能会注意到他白天睡醒之后两个小时尿片是干的，也可能早晨醒来时尿片完全是干的，或是接近干的。这些情况表明，孩子的膀胱已经能够积存尿液两个小时甚至更久。

（2）孩子玩到一半想大便时会停下来不玩了，或是当他大便后或尿片湿了后会告诉你。

（3）孩子表示他想像父母或是兄弟姐妹一样在马桶上大小便。

如果以上这些征兆出现得比较规律了，你就可以买个小马桶，把它放在卫生间，让孩子逐渐熟悉它。

与其他方面一样，训练孩子大小便时，也要让他养成习惯、形成规律。你可以在以下时间让孩子坐在他的小马桶上：（1）每次用餐之后。（2）白天小睡和晚上睡前。（3）早晨醒来或者白天小睡醒来之后。应直接让孩子坐在马桶上，而不必问他是否愿意。

父母要让自己放松，要有耐心，要给孩子机会。这段时间可以让孩子穿拉拉裤，晚上睡觉时也穿，直到你有信心他可以一整夜不尿湿。每个孩子夜晚憋尿的能力都不同。刚开始时，晚上你可以让孩子穿上拉拉裤，看看他的情况如何。对大多数孩子来说，白天和晚上的大小便训练都能在短时间内完成。

训练孩子大小便时，你可以给孩子设定目标，达到目标时给予孩子奖励，比如给他一点小零食，或者其他适合孩子的奖励。很多孩子对大便的控制早于小便。一旦你知道孩子可以自己上厕所却拒绝自己去，那么你的问题来了。与让孩子从婴儿床换到普通床睡一样，你的指令是让孩子坐在小马桶上。接受过第一次听到父母的指示就要服从的训练的孩子，在训练大小便时较少出现问题。如果孩子两岁半了，还是不断尿湿裤子，他就应该自己负一些责任了，也就是说，可以让孩子把自己弄干净，自己学习清洗尿湿的裤子。

一旦你开始便要坚持，半途而废会让孩子觉得迷惑、无所适从。孩子越大就越清楚你拿他没办法，因此会影响你对孩子其他行为的训练。父母要有耐心，要记住每个孩子都是独特的，训练需要时间。

最后，如果你的孩子还在用奶瓶，白天的生活没有任何规律，还不能一觉睡到天亮，白天的小睡断断续续，和你一起睡，或是不听你的话，那么大小便的训练就不那么容易，所以你必须先处理好前面那些问题。